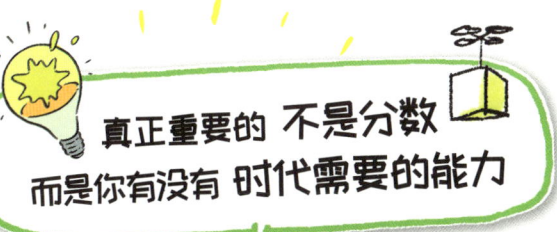

真正重要的 不是分数
而是你有没有 时代需要的能力

和爸妈一起学创新

涂子沛　郦光伟 ｜著

任山葳 ｜绘

中信出版集团｜北京

图书在版编目(CIP)数据

和爸妈一起学创新/涂子沛,郦光伟著;任山葳绘
. -- 北京:中信出版社,2021.6
ISBN 978-7-5217-2803-3

I.①和… II.①涂…②郦…③任… III.①创造性思维—青少年读物 IV.①B804.4-49

中国版本图书馆CIP数据核字(2021)第028705号

和爸妈一起学创新

著　　者：涂子沛　郦光伟
绘　　者：任山葳
出版发行：中信出版集团股份有限公司
　　　　　(北京市朝阳区惠新东街甲4号富盛大厦2座　邮编　100029)
承　印　者：中国电影出版社印刷厂

开　本：787mm×1092mm　1/16　　印　张：12.25　　字　数：60千字
版　次：2021年6月第1版　　　　　印　次：2021年6月第1次印刷
书　号：ISBN 978-7-5217-2803-3
定　价：68.00元

版权所有·侵权必究
如有印刷、装订问题,本公司负责调换。
服务热线：400-600-8099
投稿邮箱：author@citicpub.com

序　言

今年4月的一天中午，我收到涂子沛先生的一个电话，他高兴地告诉我，他给孩子们写的第一套童书《给孩子讲人工智能》入选了第16届文津奖推荐图书。我知道文津奖是国家图书馆主办并联合全国图书馆界共同参与的大奖，代表了我国每年出版的公益性图书的最高水平，真是百里挑一，能评上这个奖很不容易。透过手机，我分享了他的兴奋和快乐，对他笔耕不倦为新兴信息技术布道并得到大众认可表示祝贺。

涂先生近年出版了很多佳作，已经三次入选文津奖。他领衔的这两本新书，《和爸妈一起学创新》和《和爸妈一起学创业》，有针对性地呼应了新时代的教育需求，为家长和孩子带来了耳目一新的精神食粮。

对一个国家而言，创新是引领发展的第一动力。今后二三十年内，中国能不能成为科技和经济强国，很大程度上取决于广大民众的创新能力。对一个人而言，创新是一种人格特征。是否具有较强的创新能力，是选拔一流人才的重要标准之一。今天的科学研究也告诉我们，创新能力不完全是天生的，可以后天培养。

通俗地讲，所谓创新精神就是质疑批判的精神、探索求真的精神、开拓践行的精神、持续超越的精神。擅长创新思维的人往往不满足于现状，不因循守旧，不循规蹈矩，不固步自封，不怕冒险，不怕挑战，有强烈的好奇心、旺盛的求知欲、丰富的想象力和广泛的兴趣。这些品质正是基础教育应关注的重点。可惜目前的学校把人的大脑当成一个要填满的容器，主要关心书本知识的灌注，很少关注创新素质和能力的培养。其实，人的大脑是一支需要点燃的火把，教育的一个重要作用就是点燃孩子们头脑中的创新思维。

"技术创新"原本是一个经济学的概念，美籍奥地利经济学家约瑟夫·熊彼特首次提出时给出的定义是："创新是发明的第一次商业化应用。"现在，创新的概念大大扩展了，已延伸到基础研究的"知识创新"和"管理创新"等各个领域。但创新的核心还是把新思想推向市场，因此"创新"和"创业"有密切关系，这也是作者要同时出版这两本书的动机。这两本书并不是泛泛而谈，而是在严谨的理论指导下，层层深入，引导孩子逐步树立创新创业的意识。未来创业的人可能是少数，但创业的精神许多岗位都需要。我们的社会需要很多专注细分市场的小而美的公司，不能用是否上市来衡量创业是否成功。

关于技术创新的大部头著作不少，但把创新创业的大道理给孩子们讲明白很不容易。这两本新书的两位作者都是前沿科技和创新创业研究的专家，有着丰富的专业知识、开阔的格局、前瞻的视角与深刻的洞见。更为难得的是，他们本身也是父亲，因此在他们笔下，这些本来是讲给成年人的创新创业理论，都变得富有童趣，通俗易懂。各种小故事穿插其中，再加上生动形象的比喻，就像是一位耐心又博学的父亲，面对孩子娓娓道来，让人读起来兴味十足，收获良多。

父母的灯下小语可以决定世界未来发展的方向。父母是孩子的第一任老师，任何说教都抵不上父母的言传身教。这两本书既是送给孩子的，也是送给家长的，希望家长首先转换思维，摆脱不必要的教育焦虑，保护好孩子的好奇心和创造力，鼓励他们天马行空去想象，自由地发展个性和潜力，理解孩子，支持孩子，和孩子一起共同学习，终身成长。

中国工程院院士

中国计算机学会名誉理事长

2021 年 5 月

目录

第1章

创新改变世界

1 不同凡响的一生　　　　/ 3
2 被自己创建的公司赶了出来　　　　/ 6
3 把互联网放进口袋　　　　/ 15
4 什么是创新？　　　　/ 22
5 被创新成果包围的早晨　　　　/ 24
6 创新推动财富增长　　　　/ 34

第2章

创新者的特质

1 漠视不可能：谷歌的联合创始人拉里·佩奇　　　　/ 40
2 不要因别人的看法而改变自己：鼠标之父恩格尔巴特　　　　/ 51
3 终生勤奋：大发明家爱迪生　　　　/ 58
4 面对质疑的勇气：改变人类观念的哥白尼　　　　/ 67
5 学会真正的观察：发现超新星的第谷　　　　/ 74
6 创新能力和智力没有太大关系　　　　/ 79

和爸妈一起学创新

第3章

发明家的接力赛：渐进式创新

1 水壶、高压锅和蒸汽机　　　/ 84
2 射门的是瓦特，但传球的有好多人　　　/ 87
3 "铁疯子"的助攻　　　/ 91
4 渐进式创新就像拉力赛　　　/ 97
5 初生的火车不如马：用发展的眼光看创新　　　/ 99
6 善于学习借鉴　　　/ 103

第4章

从 0 到 1：突破性创新和颠覆式创新

1 改变世界的一瞬间　　　/ 108
2 这个诺贝尔医学奖为什么颁给了三个人？　　　/ 113
3 颠覆式创新：意想不到的完全毁灭　　　/ 115
4 突然消失的诺基亚手机　　　/ 117
5 为什么随身听和数码相机越来越少见？　　　/ 121
6 利用好你的不满和怒气　　　/ 124
7 不同凡响（Think different）　　　/ 127

目录

第5章

**教育不是培养优秀的绵羊：
创新的文化和环境**

1 领导没有独立办公室，会对工作更有利　　/ 132
2 学会提问，培养批判性思维　　/ 138
3 为什么需要自由的提问？　　/ 142
4 不要做"优秀的绵羊"　　/ 145
5 为什么在互联网公司，大家都给自己起个花名？　　/ 147
6 "你竟然失败过三次，这么棒！"　　/ 152

第6章

一起脑力风暴：面向未来的创新

1 大胆想象一下未来吧　　/ 162
2 用大数据寻坑，种田　　/ 168
3 乐高是怎么再次成为玩具之王的？　　/ 175
4 在线教育，拆掉学校的四面墙　　/ 180
5 你也可以成为创新者　　/ 182

1 / 不同凡响的一生

【人物】　　史蒂夫·乔布斯
【出生日期】1955年2月24日
【成就】　　发明家、企业家、苹果公司联合创始人。

2011年10月5日下午3点左右，史蒂夫·乔布斯（1955—2011）在美国加州的家中逝世，享年56岁。

全球各界人士纷纷致哀。

时任美国总统奥巴马发表声明："史蒂夫位居美国最伟大创新者之列……他通过使计算机变得个人化和把互联网置入我们的口袋，使信息革命不仅唾手可得，而且变得直观有趣。他将他的聪明才智变为有趣的故事，为数以百万计的孩子和大人们带去欢乐……他改变了我们的生活，重新定义了整个行业，并实现了人类历史上最罕见的壮举之一：他改变了我们每个人看待世界的方式。世界失去了一位具有远见卓识的天才。"

彭博社创始人迈克尔·布隆伯格缅怀道，美国失去了一名天才，人们

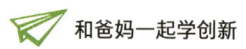

将像怀念爱迪生与爱因斯坦一样怀念他。

腾讯公司董事局主席马化腾发微博致敬乔布斯:"没有一个人的离世能让全世界的人同时感到如此痛心和惋惜,他是我的偶像,也是几乎所有我认识的朋友心目中敬重的商业领袖。他完美地把科技和艺术结合,创造了世界上最优雅的产品,不仅留下了市值最高的公司,更留下了人们对他深深的怀念。我们还能再崇拜谁呢?"

乔布斯去世后,苹果公司公布了一个电子邮箱,让全世界的人可以向这个邮箱发邮件,表达他们对乔布斯的记忆、想法和感受。在接下来的一年内,来自全球各地的100多万人向这个邮箱发了邮件。

读到这里,你可能要好奇了,这个乔布斯是什么人?他为什么这么受人尊敬?

简单来说,乔布斯是一个创新者;他如此受人尊敬,因为他用创新改变了世界。

第1章 创新改变世界

记住自己很快就要死了,这是我面对人生重大选择时最重要的工具。因为,几乎一切——所有外界的期望,所有骄傲,所有对于困窘和失败的恐惧——都在死亡面前烟消云散,只留下真正重要的东西。

记住自己终会死去,是我所知最好的方式,避免陷入认为自己会失去什么的陷阱。你已是一无所有,没有理由不追随内心。

——摘自《史蒂夫·乔布斯传》

\2/ 被自己创建的公司赶了出来

乔布斯是个人电脑的先驱。1976年，21岁的他在自己家的车库和26岁的沃兹尼亚克创立了苹果公司，一起制造了Apple I个人电脑。

以现代人的眼光来看，Apple I那是相当简陋。图1-1是一张Apple I的图片，你可以看到它其实就是一块组装好的电路板。使用者需自行提供机箱、电源供应器、键盘及显示器才能使用。

但在当时那个年代，Apple I已经是了不起的创新。它的电路与众不同，用户只需把它与键盘和显示器直接相连，就能用键盘打字编程，用

图1-1 陈列于计算机历史博物馆的Apple I"电脑"（它跟我们现在熟知的电脑模样差别很大，就是一块组装好的电路板）。作者：Arnold Reinhold。

显示器显示结果。而当时的其他电脑普遍使用图 1-2 所示那样的拨动开关和指示灯进行输入输出。用户如果想编程，就得不停地拨开关，然后相应的指示灯就会忽闪忽灭。如果用户想将编程结果显示在屏幕上，就必须加装额外的部件，又贵又麻烦。

 图 1-2　Apple I 同时代最有名的 Altair 8800 前置面板（可以看到成排的拨动开关和红色的指示灯），作者：Todd Dailay。

Apple I 因为相对简单便宜，很快卖出去了 200 台，让刚刚成立的苹果公司站稳了脚跟。初战告捷的乔布斯找来更多资金和设计人员，与沃兹尼亚克一同开发更为完善的 Apple II。

Apple II 的一项重要历史贡献是对电脑电源的创新。电脑电源，专业的名字叫"电源供应器"，它的作用是把从家里插座中出来的交流电转化成电脑内部电路能用的直流电。

在 20 世纪 70 年代，电脑几乎清一色使用一种被称为"线性电源"的电源。"线性电源"使用时发热量大，必须用风扇来降温。但乔布斯讨厌风扇，他认为个人电脑是要放在书桌上使用的设备，风扇的噪声会让人心烦意乱，无法集中精神工作。因此，乔布斯请人为 Apple II 专门设计了一种全新的"开关电源"。"开关电源"在技术上完全不同于"线性电源"，使用起来具有省电、发热低的优点，因此不需要加装风扇降温。这项设计后来因为性能优越，被别的公司学习采纳，成为整个电脑行业的标准。今天，所有的电脑都使用"开关电源"。

在 Apple II 的设计过程中，乔布斯把他对细节完美的追求发挥得淋漓尽致。他否决了 Apple II 最初的电路板布局设计，理由是布线不够直，他坚持即使是在别人看不见的地方，也应该把东西做得尽善尽美。为了给 Apple II 的机箱塑料挑选他满意的颜色，他让专门从事色彩开发和研究而闻名全球的潘通公司提供了 2000 多种米黄色供他挑选。这种对完美的执着追求贯穿了乔布斯后来的整个职业生涯。

Apple II 还集成了键盘、显示器等所有的关键部件，是一件脱胎换骨的作品。图 1-3 所示的 Apple II，和 Apple I 相比，是不是有一种丑小鸭变成白天鹅的感觉？

Apple II 一经问世便大受欢迎，销售量从 1977 年的 2500 台猛增到 1981 年的 21 万台。Apple II 的成功也让苹果公司迎来了发展的新高峰，1980 年 12 月 12 日，苹果电脑公司成功上市，股票价格一路上涨，乔布斯的身价也达到了 2.56 亿元。

那时的他才刚满 25 岁。

Apple II 的成功并没有让乔布斯满足，他想打造一件用他自己的话来说能"在宇宙中留下印记"的作品。

第 1 章 创新改变世界

 图 1-3　Apple II 看起来更接近今天的电脑模样。作者：Rama & Musée Bolo。

然而雄心是雄心，现实是现实，即便是乔布斯这样的"天才少年"，也不能避免碰见**创新的双胞胎兄弟——失败**。

Apple II 的后续项目 Apple III 以失败告终。

在第 2 章里我们会讲到，创新者的一个重要特质就是不怕失败，乔布斯显然是其中的佼佼者。他继续寻找机会。

1979 年 12 月，乔布斯参观了施乐帕克研究中心（Xerox PARC）。在那里，他第一次看到了用鼠标驱动的图形用户界面，乔布斯立即意识到这是具有巨大商业潜力的新技术。

在施乐公司自己还没有意识到怎样使用这项技术的时候，乔布斯决定将此新技术应用到苹果公司的 Lisa 电脑项目。作为公司研发副总裁的乔布斯，甩开膀子，径自带领 Lisa 项目的工程师埋头苦干起来，却将

Lisa 项目的直接负责人晾在了一边。他这种越级管理的方式引起了部分同事和公司管理层的不满。几个回合的冲突和较量下来，乔布斯被赶出了 Lisa 项目。

失意的乔布斯决定另起炉灶，重新组建团队设计新产品。在这个名为麦金塔（Mac）的项目中，他继续对鼠标驱动图形的用户界面进行改进和创新。

1984 年 1 月 24 日，麦金塔电脑在苹果的股东大会上发布，引起轰动。许多年后，人们总结历史，认为麦金塔电脑开创了普通人的电脑时代。在麦金塔之前，操作电脑是一件高难度的事情，使用者必须懂编程语言，打出一行一行的指令——就像图 1-4 显示的那样——才能指挥电脑工作；麦金塔出现之后，操作电脑变得异常简单，用户只要会用鼠标点击图标、拖拽窗口就能完成电脑的基本操作。图 1-5 展示了麦金

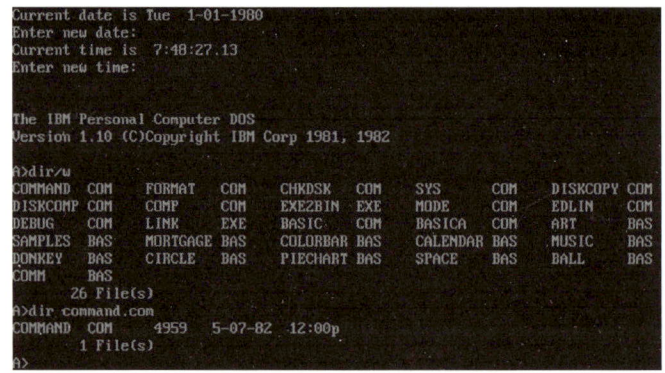

 图 1-4　IBM 电脑的 DOS 操作系统。作者：Leyo。

塔的用户界面，可以看到它已经和我们现在熟知的电脑操作界面非常接近了。

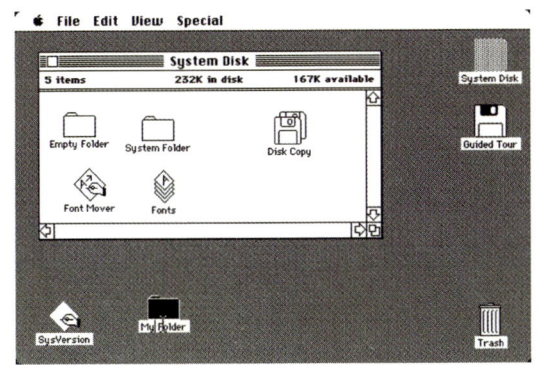

 图 1-5　麦金塔的图形用户界面，是我们今天使用的电脑操作界面的起点。作者：Nathan Lineback。

也就是说，面对一台电脑，我们今天习以为常的基本操作方式，最初就是由乔布斯领导改进或者说创建的，后来逐渐成了整个电脑行业的标准。

但麦金塔的诞生并没有让乔布斯走向辉煌。它虽然是开创性的创新，但也存在内存不足和机器过热的问题，在经历了刚发布时的一阵热潮之后，它的销量就开始明显下降。

雪上加霜的是，乔布斯对细节的完美程度近乎苛刻的追求，让麦金塔的部分成员不堪重负，提出了辞职。同时，乔布斯与董事会也发生了严重分歧。他对新产品创新的不断追求，让其他高管担心会侵蚀已经很

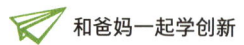

成熟并且赚钱的业务,越来越多的人把乔布斯当成了公司发展的阻碍。在此形势下,乔布斯被迫于1985年离开了自己创办的苹果公司。

悲愤交加的乔布斯卖光了苹果的股票。

但金子在哪里都会发光,离开苹果后的乔布斯随即在电影行业做出了另一番创造性的事业。

1986年,乔布斯用卖苹果股票得来的钱收购了卢卡斯影业的电脑绘图部门,成立了皮克斯动画工作室。没错,那个以可爱的跳跳跳台灯作为标志的电影公司是乔布斯创立的。

童年时,现实存在于我们的幻想之中,我们是古堡中的公主,是身披铠甲、斩戮恶龙的骑士。在想象的世界中,我们无所不能!但是不久之后,父母、老师和上司们把那个小孩赶出了我们的大脑。成人的世界是"现实"的世界,这里不相信虚幻的梦想和心血来潮的冲动和冒险。我们不得不被规矩牵着鼻子走,而我们心中的孩子也渐渐变得缄默寡言了。然而,孩童时的梦想不曾磨灭,依然藏在我们心中最深处的洞壑里。

在皮克斯这片乐园里,工作人员们可以脱去羁绊,自由地释放孩子般的"魔法"和活力。

——摘自《皮克斯:关于童心、勇气、创意和传奇》

在接下来的 20 年时间内，乔布斯一直是皮克斯的最大股东和公司的首席执行官。在他的领导下，皮克斯将技术与艺术完美融合，开创了电脑动画的新时代，先后推出了《玩具总动员》《虫虫危机》《怪兽公司》《海底总动员》《超人总动员》《汽车总动员》等一系列人们耳熟能详的动画电影。

2006 年，皮克斯被迪士尼以 74 亿美元收购，成为它的子公司。乔布斯由此成为迪士尼最大的个人股东，他的持股比例甚至超过了迪士尼的家族成员。

这边乔布斯在动画电影行业披荆斩棘，蒸蒸日上，那边没有了乔布斯的苹果公司却丧失了创新的灵魂，节节败退，竟走到了破产的边缘。

1997 年，奄奄一息的苹果公司向乔布斯发出了召唤，乔布斯犹豫思考了很久，确认他可以真正执掌苹果公司的发展方向之后，回到了苹果。

在接下来的 10 年时间，他将创新的灵魂重新注入了濒临破产的苹果公司，不仅将它从死亡的边缘解救出来，而且将它打造成为世界上最有价值的公司。

乔布斯让苹果起死回生、再创辉煌，靠的还是创新，比如，他改变了唱片的销售方式，他是第一个说服唱片公司，把音乐放在网上商店以"数字商品"出卖的人，从此人类告别了磁带和 CD，以至于到今天，很多人连磁带和 CD 是什么东西都不知道了。我们猜你可能都没有见过这两样东西！

和爸妈一起学创新

　　在这一系列的创新中,乔布斯领导打造的 iPhone 更是把我们人类带入了智能手机引领的移动互联网时代。

\3/把互联网放进口袋

iPhone 是一件划时代的创新产品，正如美国前总统奥巴马所说，它把互联网放进了我们的口袋。

iPhone 的诞生源于乔布斯对苹果另一件非常成功的创新产品——iPod 的自我颠覆。

iPod 是一款非常精美的数字音乐播放器，它是 2001 年在乔布斯的主导之下开发的。因为操作简单、储存歌曲数量多，iPod 一经推出，很快就成为那个年代最流行的音乐播放器，仅在 2005 年一年就售出 2000 万台，占当年苹果公司总收入的 45%。整个苹果公司因此一片欣欣向荣。

但在收获胜利喜悦的同时，iPod 的成功也让乔布斯陷入了深深的忧虑。他担心来自其他公司的产品会让重新崛起的苹果公司再次陷入困境。他不停地拷问自己："有什么东西可以替代 iPod，抢走苹果的饭碗？"

他思前想后，得出结论："能抢走苹果饭碗的东西是手机。如果手机制造商在手机中添加音乐播放器，用户就没必要买 iPod 了。"

与其坐以待毙，等待危机降临，不如先下手为强，主动发起自我革

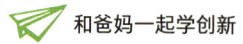 和爸妈一起学创新

新。乔布斯决定做一款带音乐播放器的手机。

乔布斯希望苹果做的手机有三个功能：

第一，这部手机要能打电话；

第二，这部手机要有良好的音乐播放功能。因为设计它的初衷是取代iPod，所以iPod能做的事情，这部手机不仅要能做，而且要做得更好。

第三，这部手机要有不一样的上网功能。它不仅要像当时的其他高端手机一样能够收发电子邮件，而且还要能完成其他手机不能完成、在那个时代只能靠电脑才能完成的上网功能。这意味着，这款手机的显示屏要越大越好。但这与手机需要携带方便的目标产生了矛盾。手机是个便携式设备，能放得进上衣或裤子的口袋才好。

机器本身大小受限，但又想尽可能地让屏幕大，怎样解决这样一个矛盾呢？乔布斯给出的答案是去掉手机的物理键盘。

物理键盘的好处是它根据人体力学设计，打字舒适；但它也有一个明显的缺点——占地方，不管你用不用，它都得在那里，占去了整个手机的一半，甚至三分之二的地方。

去掉物理键盘后，屏幕是变大了，但怎么拨号打电话？怎么打字输入信息呢？

乔布斯的答案是用虚拟键盘，用软件实现硬件功能。如果用户需要拨号，屏幕就显示拨号键盘；如果用户需要打字，屏幕就显示打字键盘；如果用户要看视频或浏览网页，这些键盘就可以隐藏起来不显示。

乔布斯决定完善公司拥有的多点触控技术，将它用于手机屏幕。

多点触控是一种可以让人的手指取代传统的鼠标和键盘的电脑输入技术——也就是我们现在每天都在使用的滑屏、点击等手机操作方式的雏形。

多点触控技术最初来自苹果收购的一家名为FingerWorks的小公司。苹果购买FingerWorks的本意是将多点触控技术用于当时正在秘密研发的平板电脑项目，但在一次内部讨论中，乔布斯突然获得灵感，觉得如果将这一技术用在手机上，就可以做出一款在当时独一无二的大屏幕手机了。

乔布斯带领团队花了半年时间完善了多点触控技术。现在很多我们已经习以为常的智能手机的功能，都是当时乔布斯他们苦思冥想的结果。例如，他们发明出一种能够让屏幕区分手指和耳朵的传感技术，这样当用户把手机贴在耳朵上打电话时，手机就不会误认为这是手指在进行操作而激活不相关的应用程序。

屏幕的设计完成后，乔布斯开始思考做屏幕使用什么材料。那时主流的手机和苹果iPod用的都是塑料屏幕，但是乔布斯觉得塑料屏幕不够优雅，他想用玻璃。于是他开始四处寻找结实又抗划的玻璃。

打听来打听去，乔布斯了解到康宁公司在20世纪60年代曾经研发出一种被他们称为"金刚猩猩"（Gorilla Glass）的特种玻璃。这种玻璃非常结实，但是康宁公司却一直找不到买家，因此早就停产了。

乔布斯一听，立刻赶到康宁公司，在试用了这款玻璃之后，当即表示："就是它了。"

这个决定让康宁公司的"金刚猩猩"玻璃项目在搁置了近40年后起死回生，在接下来的十多年时间内，"金刚猩猩"和它的后续产品成为智能手机最重要的屏幕材料。康宁公司也因此赚得盆满钵盈。

经过将近一年时间的努力，iPhone 的设计终于最后敲定：整个手机看起来没有一个喧宾夺主的零件，每个零件似乎都是为了屏幕服务。"金刚猩猩"玻璃晶莹透亮，散发着诱人的光泽，一直延伸到手机的边缘，与薄薄的不锈钢斜边相连，让人有一种忍不住想摸一把的冲动。

乔布斯长长地舒了一口气。

2007 年 1 月 9 日，苹果新产品发布会，乔布斯穿着他标志性的高领黑色长袖 T 恤、蓝色牛仔裤、白色运动鞋，款款走上演示台。

"这一刻，我已经等了两年半。"他说道。略一停顿，他继续近乎独白的宣讲：

"每隔一段时间，就会出现一个能够改变一切的革命性产品……1984 年，我们推出了 Mac，它不仅改变了苹果公司，而且改变了整个计算机行业。2001 年，我们推出了 iPod，它不仅改变了我们听音乐的方式，而且改变了整个音乐产业。今天，我们要推出三款革命性的产品：第一个是可触摸控制的宽屏 iPod，第二个是革命性的移动电话，第三个是突破性的互联网通信设备。"

他又将最后这句话重复了一遍，以示强调："所以，三样东西，第一个是可触摸控制的宽屏 iPod，第二个是革命性的移动电话，第三个是突破性的互联网通信设备。"

第 1 章　创新改变世界

接着，乔布斯又重复一遍："一个 iPod，一部电话，一个互联网通信设备。"观众开始笑出声来。

乔布斯似乎不以为然，继续重复："一个 iPod，一部电话……"然后突然一个停顿，"你们听明白了吗？这不是三台相互独立的设备，而是一台设备，我们称它为 iPhone。今天，苹果将重新发明电话。"

iPhone 的"i"，就是互联网（internet）的意思。当他举起这台三合一的设备，台下一片狂呼……

5 个月后，iPhone 正式上市。上市第一天，乔布斯去位于加州帕罗奥图的苹果零售店查看 iPhone 的销售情况。在那里，他碰到了一位当年跟随他设计麦金塔电脑的前同事。同事告诉他，他排了一晚上的队买 iPhone。乔布斯很惊讶："我不是送了你一部吗？"

19

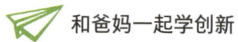和爸妈一起学创新

这位同事回答："可我要 6 部！我的朋友家人看了都想要。"

从 2007 年上市到 2020 年年底，苹果总共卖出约 18 亿部 iPhone。这个惊人的数字，让 iPhone 成为人类历史上最成功的创新产品之一。

今天，大屏幕、不带实体键盘的智能手机已成为我们生活中不可或缺的一部分。我们用它打电话、上网、听音乐、看视频、拍照、买东西、上网课、导航……

而智能手机的源头就是 iPhone。

乔布斯通过 iPhone 把人类带入了移动互联网时代。

图 1-6　iPhone（右）和 iPhone 推出时的流行机型诺基亚 E62（左）。iPhone 的创新性一目了然。图片来源：Wikipedia。

第 1 章 创新改变世界

你知道吗

《华尔街日报》有一篇文章是关于苹果公司前任 CEO 史蒂夫·乔布斯的,讲述乔布斯对纽扣、按钮具有难以克服的恐惧心理。这种心理疾病是密集恐惧症的一种,患者看到圆形的事物或圆孔就会感到恐惧,如果看到圆形的物体上有凹陷的孔,就会感到极度不适,要是那些孔中再有圆形物体,他们甚至会痛苦得战栗,完全无法抑制自己。

在史蒂夫·乔布斯开发出苹果手机之前,市面上绝大部分手机都是下方布满各种按钮的,比如黑莓手机。乔布斯摒弃了各种按钮,创造了触屏式智能手机,带来了手机的革命。他在介绍苹果手机的著名演讲中,详细介绍了自己为什么要舍弃按钮,简化当时流行的手机风格,为什么打造出智能手机。在演讲视频中,乔布斯身着圆领 T 恤,上面没有一粒纽扣。越是重要的场合,人的性格与取向越是会表现得淋漓尽致,他对服装的选择就很好地反映了性格的一个侧面。

——摘自《管理敏感》

\4/ 什么是创新？

在这本书里，我们将给大家讲讲创新和像乔布斯一样改变世界的创新者的故事。

首先，解释一下什么是创新。

在英语中，"创新"一词来源于拉丁语"innovare"，意思是"做新的"。

在中文中，"创"的意思是"开始、开始做"，和"新"连在一起就是"开始做新的"，跟英语一个意思。

因此，"创新"就是开始做新的东西。

创新包括多种类型。制造新的产品、提供新的服务、制定新的流程等都是创新。

创新有两个重要特征，第一个特征是"新"。"新"有两种新法。**一种是做出一个以前完全没有的东西；一种是在旧有的东西上加以改进，让它变得更好。**基于这两种新法的创新有专门的名词术语，前者叫"突破性创新"（radical innovation），后者叫"渐进式创新"（incremental innovation）。在后面的章节里我们会分别介绍。

创新的第二个特征是"做",换句话说**创新是实践。光想不练,不是创新,而是创意。创意 + 行动才是创新。**

讲到这儿,也顺便澄清一下另外一个你可能经常听到、用到的概念——发明。发明是指对产品、方法所提出的新的技术方案。因此,如果发明只是停留在技术方案阶段,那它就是创意,但如果发明在现实世界中开始利用实施了,那它就是创新。

\5/ 被创新成果包围的早晨

创新塑造了人类历史。不管你有没有意识到,我们都生活在一个被创新成果包围的世界里。

举一个简单的例子,看看一个普普通通的早晨,你可能会碰到哪些人类的重大创新成果。

早上,你被闹钟从睡梦中唤醒。钟表是人类的创新。在钟表还没出

第 1 章 创新改变世界

现的原始时代，人们通过太阳的位置和光线的明暗来判断时间，生活处在大概估计的状态，根本无法精确知道时间。而今天我们借助钟表，可以把时间安排得分秒不差。

你伸个懒腰，睡眼惺忪地从床上爬起来。你有没有意识到床也是人类的创新？其他的动物，最厉害的也就是搭个舒适的窝，只有人类想出了点子，造出了高于地面的床，不仅可以远离湿气，也使老鼠、昆虫或蛇等动物难以在床上爬行，从而让睡眠变得更加安全、舒适。

 图 1-7 古埃及人的床可能是迄今发现的最早的四脚床。图片来源：pinterest.com。

你走进卫生间方便一下。大小便会用到马桶。抽水马桶是人类的创新。在抽水马桶出现之前，人们都是去茅厕解决。茅厕有一个坑，里面新老排泄物堆积，恶臭无比，一不小心甚至还会给你带来生命危险。

25

和爸妈一起学创新

读到这里，你可能要反对了，臭可以理解；有生命危险，太夸张了吧？

一点不夸张。史书《左传》就白纸黑字记载了一件事情："(晋景公)将食，张，如厕，陷而卒。"翻译成今天的话就是：晋景公正准备吃饭，突然觉得肚子胀，就去上厕所，结果掉进茅坑里，淹死了。

晋国是春秋时期的大国，一国之君竟然活活淹死在茅坑里，你是不是一下子觉得做个有抽水马桶用的现代人很幸福？

抽水马桶是渐进式发明的典型例子。它是一步一步改进，才变成我们现在看到的样子的。抽水马桶最早由英国的约翰·哈林顿发明，安装在女王伊丽莎白一世的宫廷卧室。但哈林顿发明的马桶下面接的是直管，所以臭气很容易随水管倒灌回来。1775年，钟表匠亚历山

大·卡明斯改进了马桶的储水器,他发明的阀门装置使水箱在无水情况下能自动关闭冲水管阀门,再使水自动充满。1778年,英国发明家约瑟夫·布拉梅进一步改进马桶的设计,采用了能控制水箱里的水流量的三球阀,还发明了防止污水管透出臭味的U形弯管。自此,抽水马桶的雏形已基本形成。

> 人类历史上最默默无闻的英雄,就是发明下水道的智者,制作浴缸的能人,让你领略淋浴魅力的发明家,阴沟的建造者,还有卑微的管子工。爱尔兰人也许拯救了人类文明一次,但管子工们拯救了无数次。
> 我们几乎没有花过时间去认真欣赏这种技术奇迹,它用一个水龙头给我们千家万户带来干净的水,又用一根杠杆把我们的排泄物冲刷掉——直到今天。
>
> ——摘自《马桶的历史:管子工如何拯救文明》

抽水马桶不仅方便,它的普及也使通过排泄物传播的霍乱、痢疾、伤寒等疾病大为减少,拯救了很多人的健康和生命,因此被认为是人类有史以来最伟大的创新之一。

因为抽水马桶的巨大贡献,联合国于2013年正式宣布每年的11月

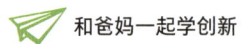

和爸妈一起学创新

19日为世界马桶日（World Toilet Day，也称世界厕所日）。世界马桶日的图标是以地球为背景的一个坐在马桶上思考的人（见图1-8）。

 图1-8 世界马桶日的图标。

上完厕所，你洗了洗手，然后开始刷牙。牙刷是人类的创新。人类最初的时候不刷牙，后来学会了用工具清洁牙齿，有用布片擦的，有用小棍子刮的，不一而足。

中国是最早发明牙刷的国家之一。古书里很早就有"杨枝净齿"的记载，讲的是用柳树条做牙刷。平时把杨柳枝泡在水里，早晨用的时候，用牙齿咬烂杨柳枝的顶部，让植物纤维毛露出来，变成刷子的样子，就像图1-9显示的那样。古语"晨嚼齿木"就是这么来的。

 图1-9 古人的洁牙方式：晨嚼齿木。

到了辽宋时期，古人进一步创新。开始用骨头、木头或者竹子等材料制作牙刷，刷子头部钻孔，植上马尾巴毛。考古发现的辽代牙刷，看起来基本上和现代的牙刷差不多了。

到了现代，马尾巴毛换成了尼龙丝，木头柄换成了塑料柄。塑料、尼龙都是我们现在常见的化工材料。

化工材料是人类的创新。在化工业兴起之前，人类只能使用自然界中已经存在或经过简单提炼获取的材料，前者如石头、木头等，后者如铜、铁等。在化工业诞生后，人们制造出了自然界原本并不存在的材料。

在这些人类创造出来的材料中，塑料可能是最常见的一类了。只要稍微留意一下，你就会发现，它在我们的生活中几乎到了视野所及无处不在的状态。有位美国作家曾经用一天时间记录摸过的东西是什么材料做的，结果发现她一天触摸过的近300件物品当中，塑料的有196件，非塑料的102件，塑料物品占了大多数。

和爸妈一起学创新

塑料的使用极大地方便了我们的生活，但也造成了很大的环境问题。大多数塑料很难降解，埋在地里可能几十年甚至上百年还存在。因此，当前化工领域一个很重要的创新方向就是研究制造不污染环境的新型塑料。

这方面的探索已经取得一些进展。人类已经成功制造出玉米塑料。顾名思义，这是一种利用从玉米中提取的聚乳酸（PLA）做成的塑料。玉米塑料使用后可以像植物一样被自然界中的微生物完全降解，生成二氧化碳和水，因此完全不会污染环境。

从技术上讲，玉米塑料解决了传统塑料的环境污染问题，但玉米的供应却是一个很大的问题，因为玉米是人类最重要的主粮之一。如果所有的玉米都被拿去做塑料，环保目标是实现了，但世界上有人可能要因此挨饿。所以，这方面的创新探索还要继续。相信不久的将来，人类会创造出更多的绿色环保、不以粮食为原料的材料，取代传统塑料，更好地为人类服务。

你洗漱完毕，开始吃早饭。早饭吃的可能是农产品，如南瓜、红薯、粥，也可能是从农产品加工而来的食物，比方说面条、包子、酸奶等。把农产品加工成面条、包子、酸奶等食物是人类的创新。再细究一下，生产南瓜、红薯、大米等农产品的农业本身也是人类的创新。

在农业出现之前，人类吃肉靠打猎，吃谷物蔬菜水果靠采集。农业出现后，人类吃肉主要通过养殖获得，养猪、养牛、养鸡、养鸭；吃谷物蔬菜水果主要靠种植，种麦、种稻、种菜、种水果。不仅供给的数量大大增加，选择更加丰富，营养性也大大增强了。

第1章 创新改变世界

农业出现后,人类开始定居下来,不再为追寻食物而不断迁徙,文明逐步产生。这个转变的过程,因为大致发生在新石器时代,所以被人类学家称之为新石器革命,又称第一次农业革命。

想象一下,如果没有"农业"这个创新,全世界会是一个怎样的状态?只怕涂老师和郦老师还在打猎,就像电影中的原始部落人一样,而不能像现在这样给大家写书讲创新了。

吃完饭,你背上书包,去上学。你如果不是走着去,多半会坐车。车子各式各样,有地铁、汽车、自行车、电动车,但不管是哪种车子,都有轮子。看到这儿,你可能又要提出质疑了,两位老师真搞笑,没有轮子的车子还是车子吗?没有轮子的汽车是盒子,没有轮子的自行车是

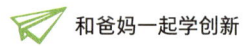和爸妈一起学创新

架子。

你说的一点没错。但你知道吗？原始人类出现后的很长一段时间内，我们只有盒子和架子，而没有轮子。轮子的发明一直要到新石器时代的晚期至青铜器时代的早期才出现，差不多就是大禹治水的那个时候。在美洲，轮子的实际使用时间则更晚，一直要等到哥伦布发现新大陆以后，才由欧洲人带过去逐步普及。

到了学校，你开始一天的学习。你知道吗？现代教育制度也是人类的创新。现代教育制度的起源我们在《和爸妈一起学创业》这本书里有详细的介绍，它是由德国人率先实施并逐步普及到世界各国的。如果没有现代教育制度，我们可能没有足够的知识来写这本书，当然，你可能也不认识这本书里的字。

你看，一个普普通通的早上，就能碰到这么多人类的创新成果。可以毫不夸张地说，**人类文明就是一个不断创新的过程，没有创新就没有人类文明。**

从经济发展的角度来讲，创新让国家富强，人民富裕。

第 1 章 创新改变世界

早在 1680 年时,英国著名科学家牛顿便设想了喷气式汽车的方案,也就是利用喷灌喷射蒸汽产生动力,从而推动汽车前行,不过他并未将这个设想付诸行动,没能制造出实物。

德国人卡尔·本茨在 1885 年 10 月研制成功世界上第一辆三轮汽车,于 1886 年 1 月 29 日向德国专利局申请汽车发明的专利,同年的 11 月 2 日专利局正式批准,由此世界上的第一辆汽车诞生。

卡尔·本茨是世界公认的汽车发明者,被称为汽车之父、汽车鼻祖。

\6/ 创新推动财富增长

我们先来看一张图。

图 1-10 描绘的是从公元 1 年开始到现在的全世界 GDP（国内生产总值）变化情况。公元 1 年在中国是西汉末年。

图的横轴表示年份，纵轴显示 GDP 数值。经济学家用 GDP 来衡量

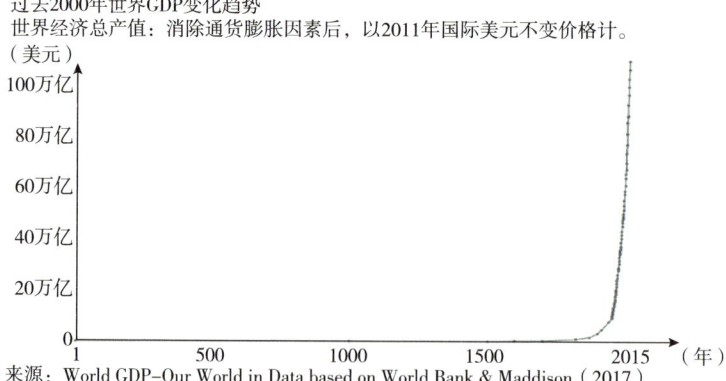

 图 1-10 世界 GDP 总量变化趋势图。

第1章 创新改变世界

你知道吗

国内生产总值（GDP）是指按国家市场价格计算的一个国家（或地区）所有常驻单位在一定时期内生产活动的最终成果，常被公认为衡量国家经济状况的最佳指标，它反映了一个国家（或地区）的经济实力和市场规模。

2020年，中国GDP首次突破100万亿元大关。

一个区域全部经济活动生产出来的成果价值。简单来说，GDP越高，表示这个经济体财富越多。

从这张图里，我们可以看到，整个世界的财富总量的发展历史可以简单地分为两部分：第一部分是图中的水平线部分，大概占1800年的时间，在这期间，GDP的水平极低，跟后面年份的GDP相比几乎可以忽略不计。换句话说，人类社会在这1800年的时间内处于极其贫困的状态；第二部分是图中的竖线部分，从18世纪中后叶开始，大概占200年左右的时间，在这期间，GDP这条线突然出现了一个由水平向上跃升的拐点，然后继续以近乎垂直的方式上升。这说明，人类社会在这200年的时间内，财富水平开始日新月异，快速增长。

为什么人类社会的财富会突然出现这样一个拐点？

1956年，美国的经济学家罗伯特·索洛发表了一篇有关经济发展理

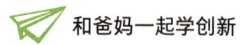

论的论文,他指出**经济可持续增长最根本的推动力量是创新**。索洛的研究成果后来被称为索洛模型。这个模型揭示了经济增长的根本原因,因此被认为是经济学中最重要的理论之一。索洛也因此获得了1987年的诺贝尔经济学奖。

知道了索洛的理论,我们再来看刚才的问题,你也许猜到答案了,**人类社会的财富之所以会突然出现一个向上的拐点,原因就是创新,而第一次工业革命是这个拐点出现的根本原因。**

在人类的历史上,创新一直有,但是大规模的集中式、爆发式的创新直到第一次工业革命才出现。

工业革命带来的大规模的集中式、爆发式的创新让人类的财富一飞冲天。因此,美国经济学家鲍莫尔总结道:"18世纪以来几乎所有的经济增长本质上都要归因于创新。"

创新那么重要,那你想不想成为一个创新者?所有的创新都是人为的,都是由人干出来的,那怎样才能成为一个善于创新的人呢?创新者到底有哪些特质?下一章,我们就来介绍创新者的特质。

画重点

- ☑ 史蒂夫·乔布斯是美国最伟大的创新者之一,他改变了我们的生活,改变了我们每个人看待世界的方式。
- ☑ 创新者的一个重要特质就是不怕失败。
- ☑ 创新有两个重要特征:第一个特征是"新","新"有两种新法,基于这两种新法的创新有专门的名词术语——突破性创新和渐进式创新;第二个特征是"做",创意+行动才是创新。
- ☑ 创新塑造了人类历史,我们都生活在一个被创新成果包围的世界里。
- ☑ 人类社会的财富之所以会突然出现一个向上的拐点,原因就是创新。

第2章

创新者的特质

1 漠视不可能：谷歌的联合创始人拉里·佩奇

【人物】 拉里·佩奇

【出生日期】 1973年3月26日

【成就】 谷歌公司的创始人之一，2011年4月4日正式出任谷歌CEO。2020年4月6日，拉里·佩奇以3800亿元人民币的财富名列《胡润全球百强企业家》第13位。

今天人们上网，几乎没有人不用搜索引擎，在中国，人们有问题会问"度娘"（百度），在国外，用的则是谷歌。但在1998年9月4日谷歌公司成立之前，人类从来没有用过搜索引擎，这是一个新的东西，是一个名叫拉里·佩奇的大学研究生创造了搜索引擎。

故事还得从互联网兴起之初说起。1990年起，互联网开始从封闭的军事领域进入普罗大众的生活，人们开始在网上大建网站。任何人都可以在互联网上建立网站，任何人也都可以点击这些网站，阅读上面的内容。1994年初，全世界只有700个网站，到年底增长到1万个。

随着网站越来越多，有人意识到，就像打电话需要一本通信录一样，上网的人需要一个网站目录，这样他们才能够决定去哪儿找他们想看的东西。1994年，两位斯坦福大学的学生把全世界的网站地址逐一收集了起来，然后用人工的方式对它们进行分类。他们按功能把网站分成新闻、商业、教育、娱乐、政府等大类，各个大类下面又分成若干小类，编成了一个大的目录，供大家使用，当用户输入一个关键词之后，它就会按照分类找出相关的网站。

1995年3月，这两个学生以这个目录为产品，成立了一家名叫"雅虎"的公司，其中一名创始人叫杨致远，是一个华人。在《和爸妈一起学创业》里我们讲到了杨致远和雅虎的故事。雅虎后来成为了互联网上的第一代门户网站，杨致远也因此成为互联网领域的第一代企业家。

到1995年年底，全世界的网站数已经快速上升到了10万。当时的雅虎，有一个60人的团队，专门负责这个网站目录的不断更新和分类，你可能猜到了，这个做法有一个明显的BUG（缺陷），那就是全世界网站的数量每年呈10倍以上增长，要不了多久就会达到天文数字，如果持续用人工来更新这个目录，就需要越来越大的团队，也会越来越难。

当时就有人想，能不能建立一个自动化的分类目录？

此时，又一个关键人物登场了：拉里·佩奇。这时候他正在斯坦福大学读研究生，他选择了这个题目作为自己的博士论文主题。

佩奇很小的时候就用过计算机。1979年，他刚刚6岁，父亲就买了一台电脑,"我还记得家里刚买电脑的那天,我感到非常兴奋,这可是一件大事,就像是买一辆车一样,因为一台电脑的价格实在不便宜"。佩奇对这台机器很感兴趣,很快就学会了如何操作。他利用它来完成作业,佩奇后来回忆说,他很可能是全世界第一个用电脑来做作业的小学生。

佩奇也爱读书,他童年时期读到了尼古拉·特斯拉的传记,这是一个和爱迪生同时代的发明家,也是爱迪生的竞争对手。这位充满想象力的电学先驱拥有大量的发明,却不知道如何将发明变成金钱,最终在穷困潦倒中死去。

佩奇特别为特斯拉感到难过和惋惜。"他是人类历史上最伟大的发明家之一,但是他的故事实在令人感到痛心,"他说,"他不能将自己的发明变成商品,他的钱只能勉强维持自己的生活,相比之下,我们应该成为爱迪生:把一件东西发明出来,然后把它推广给全世界,让它对别人有用,再用赚到的钱继续研究。"

受特斯拉失败教训的启示,佩奇在大学里选择了主修计算机科学,辅修商科,他希望有一天自己能够发明创造,同时又有能力把发明变成商品。

怎么解决网站的自动化分类问题呢?佩奇的灵感来源于另一个领域:学术论文的分类和排名。他知道要查找一篇论文,要靠关键字,要判断一篇学术论文的价值,其中一个标准是看有多少论文引用它,一个学者的论文被引用的次数越多,他的影响力就越大。按照同样的逻辑,如果一个网页被其他很多网页链接,那它的价值就可能更高。佩奇意识到可以使用相同的方法给网站分类、排名。

之所以需要排名，是因为随着网站越来越多，仅仅分大类、小类是不够的，用户希望网站导航服务能一路通达，直接把所有相关网站当中和他搜索内容联系最紧密的网站告诉他。

问题是我们可以在一个网页上看到所有向外的链接，但看不到自己网页被链接的数量，质量就更不知道了，即链接没有双向标记。

佩奇反复地思考，有一天他在半夜醒来，突然想到："如果我可以把整个万维网下载下来，然后将其中的链接保存下来，那会怎么样呢？"

和爸妈一起学创新

这个想法非常疯狂，因为要把整个万维网下载下来，工作量不是一般地大，对有些人来说，几乎等同于不可能。刚才说到，1995年年底全世界已经有10万个网站，网站之间有近10亿条链接，而且这个数字每年都在爆发性地增长。

"我马上拿起一支笔记下了自己的想法，整个后半夜我都在纸上不断完善这个想法的细节，我越来越认为这是完全可行的。"佩奇后来经常回忆到这次半夜的经历，他在一次演讲中说道，"**面对不可能，你们应该用积极的态度忽视它，你们应该尝试一些大多数人都不敢做的事情，必须给自己定下不太可能实现的目标。**"

我在密歇根大学上学时，老师告诉我如何梦想成真。我知道这听起来有些滑稽可笑，但我从一个名为领导力成长的培训项目中得到了启发。

这个项目的口号就是"漠视不可能"。它激励着我追寻一个疯狂的想法：我想在校园内建造一套个人快速运输系统以代替公共交通。这是解决我们交通问题的未来方式。我直到现在还想着很多有关交通的问题，你不要放任梦想，而要把它当作一种习惯去培育。

> 现在人们花大力气干的很多事情，如做饭、保洁、开车，今后只会占用很少的时间。也就是说，如果我们"漠视不可能"，就能找到解决方案。
>
> ——2005年佩奇在密歇根大学毕业典礼上的演讲

佩奇勇敢地接受了挑战，他开始尝试把互联网的一个个链接都记录下来，找出每个链接通向什么网站，然后统计出来拥有最多外来链接的网站。这是一个反向追踪的方法。他和他的同学谢尔盖·布林合作，开发了一个网络爬虫工具。这个爬虫会把所有网页的标题以及这个页面上的所有链接保存下来。爬虫每天日夜不停地工作，到1998年初，他们的数据库已经收录了5亿多条链接，在这些链接上，他们又开发了一个分类和排名的算法，不断地调试这个算法的精准度。

这次尝试让他笑到了最后。佩奇后来回忆说，"当一个伟大的想法出现的时候，你要马上抓住它"，抓住它的意思就是要付诸行动。

佩奇也始终记得特斯拉的教训：**如果你有一个自认为不错的发明，你要尽快让它变成一个别人可以使用的商品。** 他和布林带着这个算法四处演示，包括会见了雅虎在内的好几个大公司的首席执行官，结果雅虎出价100万美元想买下算法，那个时候100万美元还是个大数目，但佩奇觉得太少了，他认为应该在100万后面多加几个0。于是他和布林决定

和爸妈一起学创新

成立自己的公司。新公司就叫"谷歌"（Google）。"Google"这个单词的本意是指"1 后面有 100 个 0"，即好大好多。

这之后，果然很多个"0"滚滚而至。谷歌很快获得了第一笔投资 10 万美元，他们用 1700 美元租下了一个大车库，在车库的中间挂上了一条横幅，上面写着"谷歌全球总部"。这是 1998 年 3 月的事情，今天的谷歌公司，价值 1 万多亿美元（即股票市场的市值）。佩奇应该庆幸当初自己没有将发明以 100 万美元卖掉。

回顾谷歌的创新过程，有一个非常关键的地方，那就是借鉴了学术论文的关键词和学者影响力排名的做法，佩奇把这两件看起来不相关的事联系起来了。其实**我们所说的创新之"新"，很多时候并不是指一件完全崭新的事物，这件新生的事物总可以在现在的生活当中找到参照**，只不过这种参照，很可能存在于一个截然不同的其他领域。

乔布斯甚至认为，**创新的能力简直可以等同于把尚未被联系的事物联系起来的能力**，这种联系可能是跨越知识领域、产业领域和时空领域的。一个人的知识越广博、想象力越丰富，大脑能够建立起来的联系就越多，而这些知识之间所激发的新联系，很可能就会形成新的想法，它们就是创新的来源。从历史上创新的经验来看，越是好的创新，越有可能是两种事物之间惊人的、意外的联系！

类似的例子，历史上还有很多，我们再举三个。

一个是活字印刷机。中国早在唐代就发明了雕版印刷术，所谓"雕版"，就像刻章，把一本书在木板上一页页刻出来，然后像盖章一样重复印制。雕版得请专人刻印，人工昂贵，每出版一本新书，都要重新刻印，好处是一旦有了雕版，就可以重复印制，这对于"四书五经"等需求量很大的经典图书来说，是很合算的。可是对于小众一点的书，就很不适用，印量小的话，成本都收不回来，所以只能手抄，这就限制了印刷的范围。中国历史上的很多古籍传着传着就没了，很大程度上就是因为没有印刷本，只有手抄本，抄着抄着就成了孤本。

一直到 1454 年，德国有一个叫谷登堡（约 1400—1468）的人，发明了活字印刷机，才最终解决了这个问题。他是个印字工人，有一天他

和爸妈一起学创新

在庄园里看到了一台葡萄榨汁机,这台机器靠螺旋状杆来对放在葡萄上方的木板施加压力,把汁液挤压出来,他突然想到可以把纸用力按压到刷完油墨的铅活字版上,从而把字和图转印到纸上。于是他将金属合金加热后倒入提前刻好字母的模具,等到合金冷却后,小金属字母就被排成单词和句子,再涂上墨,最后,在上面盖上纸,再压上一块重重的板,就像葡萄榨汁机工作时一样压上去。

可以说,谷登堡并不是从无到有地发明了一种全新的技术,而是在一个不同的领域借用了一种成熟的技术,用它来解决了一个完全不相关的问题。

人类历史上的很多发明都是这么来的。

1870年的一天，史蒂芬·塔尼（1828—1897）来到巴黎动物园散步。他是一名著名的妇产科医生。这一天他看到一群刚刚孵出的小鸡在一个温暖的器皿中蹦蹦跳跳，他突然想到可以做一个类似于小鸡孵化器的恒温设备，用来保护刚出生的婴儿，于是他聘用了这个动物园的养殖员，帮他设计了历史上第一台婴儿恒温箱。

那个时代新生婴儿的死亡率高得惊人，大约每五个新生儿就有一个会死亡，而体重不足的早产儿死亡率就更高。塔尼研制的婴儿恒温箱投入使用之后，早生儿的死亡率从66%降低到38%，效果显著。婴儿恒温箱随即在全世界得到普及，现在的婴儿恒温箱还增加了氧气、无菌和其他先进的功能，可以说这个发明拯救了很多人的生命。

再说互联网，互联网的推广和普及在美国并不是偶然发生的，有一个政府官员做出过重大的贡献，他就是1993年出任美国副总统的戈尔。戈尔提出了"信息高速公路"的计划，当时的美国政府采纳了这个计划，随着这项计划的实施，美国建成了一个与高速公路系统类似，但远比高速公路系统巨大、复杂的网络基础设施，它帮助美国走到了世界创新的前沿。"信息高速公路"这个想法是从哪里来的呢？戈尔回忆说，"我记得我常常和父亲一起在美国的公路上开车，很多路是两车道的，我父亲一路上都在感叹美国需要更好的公路，抱怨政府行动太慢，这启发了我后来提出信息高速公路的计划。"

和爸妈一起学创新

\2/ 不要因别人的看法而改变自己：鼠标之父恩格尔巴特

【人物】	道格拉斯·恩格尔巴特
【出生日期】	1925年1月30日
【成就】	美国发明家，被称为"鼠标之父"。

你还记得在第1章我们提到乔布斯到施乐帕克研究中心参观，他看到了鼠标，一眼认定这就是未来驱动人机交互界面的工具，他抱定这个想法，最终在麦金塔电脑上开发出用鼠标驱动的图形界面，开创了历史的先河。

这个时候距离计算机被发明，已经过去了30多年。想想看，那时候你想让计算机干点什么，得通过键盘输入代码，一个字母一个字母地往里敲，有一个字母写错，计算机就无法理解指令，操作非常烦琐。能否设计一个更方便的操作方式呢？联想的方法又开始在第一时间发挥作用了，例如计算机能否像汽车一样，有一个类似于方向盘的操纵台，人们可以用眼睛、手和脚直接控制计算机，像开车一样方便，而不用在键盘

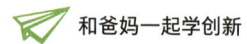
和爸妈一起学创新

上一个字母一个字母地敲来敲去。

首先尝试的这个人叫恩格尔巴特（1925—2013），除了鼠标，他还有几十项和计算机相关的发明，是大名鼎鼎的创新英雄。

恩格尔巴特从小就有很多新奇的想法，他还特别果断，想到就做，他造过热气球，组装过汽车。13岁时，恩格尔巴特在一个谷仓里发现一台废弃多年的旧汽车，很多零件都不在了，显然不能开了，他用自己的零花钱把它买下来，恩格尔巴特的目标是让它重新跑起来，他骑着自行车四处去购买零件，没有工具，就去汽车修理厂借，用完之后再还回去。恩格尔巴特用了整整几年的时间，真的让这部车在路上又跑了起来。

也许是自己组装过汽车的原因，恩格尔巴特一开始就想用方向盘的原理来操纵计算机。他把操作员当驾驶员，头上戴一个头盔，上面顶一个指针，人可以通过点头的动作控制光标，他还尝试过通过膝盖和脚踝的转动控制指针上下左右移动。

可惜，这些方法并不成功，但恩格尔巴特很执着，闷在实验室里不停地试。他不喜欢交际，性格特别内向，大部分时间都待在房间鼓捣自己的实验。年轻人都喜欢去酒吧，聚在一起聊天，恩格尔巴特对此毫无兴趣，这让他显得很不合群，但是他本人并没有为此感到别扭、不舒服，他回忆自己年轻的时候说："**年轻人常常会认为别人很关注我们，其实别人都不如我们想象中的那么关注我们，但我们却会夸大这种关注，夸大多少呢？我用一个公式算了一下，最后得出的结论是'一倍'**！如果你和你朋友之间发生了一些尴尬甚至丢脸的事情，不用老放在心上，**你应该专注在自己的兴趣和爱好上，不要因为别人的看法而改变自己。**"

专注的恩格尔巴特又尝试了好多种移动光标的方案，包括光笔、操纵杆、轨迹球、触控板、带手写笔的平板，其中光笔是最高效的一种。恩格尔巴特说："对每一种设备，我都计算了用户将光标移至目标要用多长时间，当时光笔是最简单的一种设备，但要求用户每次使用时都要拿起来又放下，这也很麻烦。"

恩格尔巴特最后画了一张表，列出了每一种设备的优势和不足，"正是这张表帮助了我，元素周期表的规律让人们发现了一些未知的元素，而这张表也定义了一种还不存在的设备所应该具有的特点，这帮助我构想出了一种前人从未想到过的设备"。面对这张表，恩格尔巴特开始天马行空地畅想，他突然想起高中时曾经用过一种机械设备，叫求积仪，这个仪器能够沿着一个空间的边缘滚动，计算出在每个方向上滚动的距离，进而用长乘以宽就可以计算出空间的面积。

他后来回忆说，"一旦想到这两个滚轮，剩下的问题就迎刃而解了，于是我去画了一张草图"，一种既简洁又深刻的发明就此诞生了！

1963年，他设计出了这一款控制器。这是一个底部带滚轮的小盒子，可以像玩具车一样滑过桌面，每滑动一下就会产生位移信号并通过一根连线将信号传至计算机。他给这个带着电线尾巴、样子像老鼠的设备取了个绰号——"鼠标"，因为生动形象，这一名称沿用至今。

利用手和眼的协调互动，鼠标为用户提供了一种非常自然的人机交

和爸妈一起学创新

流界面，人和机器从此不再各自为政，而是和谐地相互协作。1968年12月，恩格尔巴特带着鼠标在旧金山举行的秋季联合计算机大会进行了90分钟的演示，引起了很大的轰动，这场演示会本身也因为功能之丰富、气氛之热烈，获得极大成功，被后世称为"演示会之母"，就连后来乔布斯的产品发布会也撼动不了它的历史地位。

恩格尔巴特为什么能够成功？看了上面的故事，相信你不难发现，**他用到了借鉴、联系和对比的方法**。他用表格这种工具对比各种可能性，寻找灵感。求积仪给了他巨大的启发。此外，他专注，并且特立独行，不在乎别人对他的看法。还有一点也很重要，他拆过汽车，又装过汽车，相信这极大地锻炼了他的动手能力。

动手拆东西、装东西，这一点，佩奇和恩格尔巴特也很像，佩奇9岁的时候，哥哥给了他一把螺丝刀，拿着这把螺丝刀，佩奇把家里所有的电动工具都拆开了，想了解它们的运作原理。

拆过汽车的也大有其人。你知道克莱斯勒汽车公司吧？它是美国三大汽车公司之一，创始人叫沃尔特·克莱斯勒（1875—1940），公司的名字就是他的姓。克莱斯勒是一名机修工人，年轻的时候在铁路上工作，负责火车和铁轨的修理和维护。可以想象他工资不高，但克莱斯勒不停地攒钱，他的目标是买车。当时汽车还是奢侈品，贵得要命，他为此花掉了一笔巨款，但他买车不是为了开，更不是为了炫耀，而是为了拆。他把这辆车拆得七零八落，琢磨每一个零部件的功能和位置，然后又重新组装，同时思考如何优化改进每个部件的设计。

克莱斯勒的图形商标像一枚五角星勋章，它体现了克莱斯勒家族和公司员工们的远大理想和抱负，以及永无止境的追求和在竞争中获胜的奋斗精神。

和爸妈一起学创新

汽车是工业时代的标志，信息时代的标志则是电脑。拆电脑的人就更多了，其中最有名的是迈克尔·戴尔。1980年，戴尔16岁，这一年他恳请父母给他买一台苹果电脑作为生日礼物。电脑到货的那天，他欢呼雀跃，迫不及待地恳求父亲开车载着自己到UPS快递的办公室拿货。但是他之后做的事情却让父母震惊，他回忆说："车刚开到家门口，我就跳下车，抱着我的宝贝电脑回到房间，我做的第一件事就是把新电脑拆了，父母非常生气，因为当时苹果电脑售价不菲，他们觉得我已经把电脑弄坏了，但我只是想看看电脑是怎样运转的。"

这之后，他买来了各种新的配件，例如内存卡、磁盘驱动器、调试解调器、显示器,他像改装汽车一样改装电脑,"我的房间就像一个零配件作坊,很快我就对电脑零配件的成本了如指掌,一台个人电脑的零售价是 2000~3000 美元,但是组成这套电脑的零件只需要 600~700 美元,这个事实让我思考一个重要的问题,为什么个人电脑的售价是零部件总价的 5 倍?"

1984 年,戴尔成立了以自己名字命名的公司,公司按照顾客的要求组装电脑,然后寄到顾客手中。今天的戴尔公司名列世界 500 强,戴尔本人也名列全世界企业家的第 36 位。我们在《和爸妈一起学创业》这本书中也讲到了他的故事。

2000 年以前的 IT 业,有三位没有上完大学就跑出去开公司,最后变成著名的亿万富翁的人,他们就是比尔·盖茨、迈克尔·戴尔和史蒂夫·乔布斯。

\3/ 终生勤奋：大发明家爱迪生

【人物】托马斯·阿尔瓦·爱迪生

【出生日期】1847年2月11日

【成就】爱迪生发明的留声机、电影摄影机和改进的电灯对世界有极大影响。他一生的发明共有2000多项，拥有专利1000多项。爱迪生被美国的权威期刊《大西洋月刊》评为影响美国的100位人物第9名。

我们下面讲一讲工业时代的发明大王：爱迪生。

一提到爱迪生，同学们可能就会想到一句话：天才是99%的辛勤汗水加1%的灵感。这是中小学生写作文时必引用的一句话。听起来很励志，能让你瞬间忘记考砸了的沮丧，重燃希望，对不对？没错，爱迪生终生勤奋，这也是爱迪生让人佩服的地方。涂老师小的时候，读过一个这样的故事，从此决定终身要向他学习。

爱迪生发明电灯泡之后，有一天记者采访他，问他说，要是他没有发现最好的灯丝材料，那会怎么样？记者的意思是：他是不是掌握了可替代的材料？这种材料到底怎么样？爱迪生回答说，要是没有发现这个材料，那我现在就不可能接受你的采访，我现在肯定还在实验室，继续做实验呢！

 图2-1 爱迪生和他发明的留声机。

这可不是吹牛，爱迪生吃和睡都在实验室，为了找到合适的灯丝，他长期待在实验室，连续不断试过1000多种材料。他的同事后来回忆说，"爱迪生睡觉不分时间，不分地点，什么都可以当床，我曾见他用手做枕头，睡在一张工作台上，还见过他两脚架在办公桌上，睡在椅子里。有时他穿着衣服睡在小床上，还有一次我见他连睡了36个小时，中间只醒来一小时，吃了一些牛排、土豆和馅饼，抽了一支雪茄。此外他还有

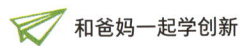

站着睡觉的时候。他睡觉时常常爱枕着一本词典,一觉醒来,精力充沛,仿佛那词典里的知识已经渗入他的大脑。"

我们前面谈到过,**爱迪生把发明和商业结合得很好,他是一个创新家,也是一个企业家**。30岁的时候他用自己赚来的钱,给自己建立了一个实验室,雇用了一批助手,从此他的发明更加源源不断。他对实验室的要求是每10天一项小发明,每6个月一项大发明。他一生登记的发明专利有1328种,实际上超过2000种,从他出生直到他84岁离世,平均每15天就有一项发明问世。这个惊人的发明频率,一直到现在,都没有人可以超越。

讲到这里,你可能现在就会下结论,这么牛,爱迪生小时候一定是个天才。恰恰相反,他是个问题儿童,爱迪生曾经在自述中这样谈到自己的童年:

"我还记得小时候我在学校里一直都表现不好,至于具体的原因我也不是很清楚。我的学习成绩始终是班级倒数第一,我曾经觉得老师从来没有喜欢过我,父亲也认为我天生愚蠢,最后连我自己都觉得自己是一个愚蠢透顶的人。而我的母亲却始终友善地对待我,用充满怜悯心的态度对待我,她从来都不会误解我,也不会对我有任何责骂的话语,但是我不敢告诉她我在学校里遇到的各种困难,因为担心这样会失去她对我的信任。

"一天我听到我的老师对校长说,我是个愚蠢到根本无法教育的人,说让我留在学校里学习是没有任何价值的。当时我的内心真的很受伤,感觉支撑着我留在学校里的最后一根稻草也被压倒了,我的眼泪立刻流了下来。回家后我马上告诉了母亲这件事,接着我就发现了一位好母亲所能给你做的最好的事情,她立即站出来,要做我最坚强的守护者,母亲对我的爱意被唤醒了,她内心的骄傲让她不愿意看到自己的儿子受到任何一点心灵的伤害。母亲将我送回学校,然后用愤怒的口气对那位老师说,他根本不知道自己在说什么,而且说我要比那位老师聪明不知多少倍,此外母亲还说了很多夸奖我的话。事实上母亲始终是坚定维护我的人。从那时候开始我就暗下决心,我一定要努力学习,才能对得起母亲对我的期待,我要让母亲明白她对我的信任是正确的。"

很多创新者小时候都不是一个标准意义上的"好学生"。比如乔布斯,他从小就喜欢捣蛋,有一次,乔布斯和朋友制作了"带宠物上学日"的海报,冒充校方在校园张贴。同学们信以为真,纷纷带了自己家里的宠物来上学,结果搞得小狗、兔子、乌龟在教室到处乱跑。又有一次,乔布斯和朋友设法让骑自行车上学的同学说出了自己车锁的密码,然后趁大伙儿不注意,偷偷地把所有的车锁都调换了。结果放学时,同学们都打不开自己的自行车,整个学校乱成一锅粥。三年级没读完,乔布斯已经被老师遣送回家两三次了。

有没有找到同类的感觉?且先别忙着感叹遇到知音了啊。

爱迪生一生有很多伟大的发明,但在他全部的发明中,引起了最大轰动的还是留声机。因为他让机器开口说话了,对于"机器可以说话",

和爸妈一起学创新

当时人们感到不可想象,有一种无法言说的神秘。那么,这个发明是怎样产生的呢?

1877年,爱迪生在一次自动电报机的实验中偶然发现,机械的颤动可以发出声音,这激发他产生了一个设想:如果能发明一种机器,记录声音产生的振动,然后通过机械层面的设计,重现振动,也许就能再现已经消失的声音。这个设想,用的是双向思维,即声音能使金属颤动,那相同的金属颤动也可能产生相同的声音。这个方法很多科学家都用过,例如电磁学的创建人麦克斯韦,他根据双向思维大胆地推断,既然电可以变成磁,那磁应该也能变成电。

爱迪生还有一件事令人震惊,值得大家长期仿效学习。他一生埋头实验,而且每次实验都有详细的记录。他随身带着一个笔记本,随时随地记录观察、灵感和创意。这个习惯坚持了近60年,爱迪生去世以后,后人在他的房间里发现了3500个笔记本,这可能还只是他笔记本的一部分,那你想想,他一年要记满几本笔记本?这个数量是不是令你感到惊讶?

我们认为这是创新者的一个重要特质:**勤于记录**。

前面我们谈到佩奇,他半夜有想法,就爬起来记录下来,恩格尔巴特也把各种想法列在纸上,逐一分析,这都是记录。"记录"这个习惯当中蕴藏着惊人的能量。

和爱迪生同时代的科学巨人达尔文(1809—1882)也保持了终身做笔记的好习惯。在达尔文的笔记里,他记录了他曾经读到过的各种新颖、深刻的观点,他调查研究过程中发现的新事实以及绘制的图表,还有他自己产生的联想和新思路。达尔文并不是简单地记,他常常重读自己的笔记,这就好像是让自己的思想在笔记本上漫步,不断地发现字里行间一些新的潜在的信息。你听过二重奏吧?两个人或者两种乐器同时演奏,有高音,有低音,有时候快速,有时候悠缓,你来我往,相互呼应。阅读自己的笔记,就像二重奏,一方是大脑里的思考,另一方是纸上的记录,既可以对比,又像对话,不断地互相激励。笔记本就像一个孕育新生命、新思想的子宫和平台。

达尔文总是随身携带一本笔记本,非常注意搜集和自己知识体系不

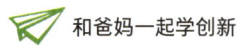
和爸妈一起学创新

一样的事实和信息，一旦观察到这样的事情，他规定自己必须在30分钟之内完整记录下来，因为他知道人的大脑有一个秘密，就是会"主动"忘记和自己以前的观点不一致的信息，而倾向于记住一些和自己观点一致的信息。

再早一点的记录狂人还有达·芬奇（1452—1519）。达·芬奇也是历史上公认的一位创新天才，他在艺术、科学、工程等诸多领域都做出了杰出的贡献。后人在总结达·芬奇的创新秘密时曾说："达·芬奇有一种做记录的本能，他是一位非常敏捷的记录员，他在腰间挂了一个小本子，随时记录周边发生的事情和自己的观察，甚至动手画下来。"直到今天，全世界的博物馆还保留着达·芬奇的7000多页笔记，而这还不到他全部笔记的四分之一。"在纸上做笔记"被后人认为是达·芬奇惊人创造力的一个重要来源。

当然，要坚持这个好习惯，记满3500个笔记本，本身就需要勤奋。**为什么创新者需要勤奋？因为创新需要不停地尝试**。就好像踢球，只有不停地射门，才能踢出最好的球。你肯定读过《格林童话》，里面有一个著名的故事叫《青蛙王子》，当公主亲吻了那只丑陋的青蛙之后，青蛙变成了一个有着迷人眼睛的英俊王子。但在现实生活中，你在发现王子之前，可能得亲吻无数只青蛙。

纵观各个领域，即使是最杰出的创新者，也得"亲吻青蛙"。他们都有大量的发明和作品，有些发明和作品很普通，基本不为人所知，但它们又必不可少，就像革命的前奏。中国的大文豪苏轼一生创作了3150多

第 2 章 创新者的特质

首诗词，但其中脍炙人口的杰出之作，也只不过几十首；李白一生据说写诗上万首，至今记录的有 900 多首，但被大众广为传诵的只有 50 首左右；伦敦爱乐乐团曾经选出 50 部最伟大的古典音乐作品，其中有 6 部是莫扎特的作品，5 部是贝多芬的作品，3 部是巴赫的作品，而莫扎特在 35 岁去世前创作了超过 600 部作品，贝多芬一生中创作了 650 部作品，巴赫写了超过 1000 部作品；再说绘画，毕加索的全部作品包括 1800 幅油画、1200 件雕塑、2800 件瓷器、12000 张图纸，还有大量的版画地毯和挂毯，但只有其中一小部分赢得了一致好评。

所以当我们看到李白那惊为天人的 50 多首诗的时候，也要看到他还有不为人所熟知，读起来也不怎么朗朗上口的另外几千首诗；听着贝多芬的《命运交响曲》时，也要想到他一生努力创作了 650 部作品。

65

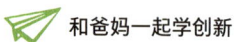 和爸妈一起学创新

天才不存在于想象中,只存在于勤奋里。

下面我们再从工业时代往前追溯,看看更早一点的创新者。

两人对酌山花开,一杯一杯复一杯。
我醉欲眠卿且去,明朝有意抱琴来。
这首诗是李白所作,你读过吗?

\4/ 面对质疑的勇气：改变人类观念的哥白尼

【人物】 尼古拉·哥白尼

【出生日期】 1473年2月19日

【成就】 在哥白尼40岁时，他提出了日心说，改变了人类对自然、对自身的看法。

今天我们都知道，哥白尼（1473—1543）提出了日心说，他认为，是地球围绕太阳转，而不是太阳围绕地球转。

这在今天是常识，但在500多年前，就是异端邪说了。第一个原因，是人类自己根本感觉不到地球在自转。巨大的地球竟然在飞快地旋转，这个转动的速度（在赤道上是每秒466米）竟然比马跑的速度还要快几十倍，那地面上的人和东西为什么不会被甩出去呢？如果地球在转，那为什么飞鸟和云朵不会因为地球的高速旋转而落到后面呢？总之，所有人的感官都在告诉所有人，地球是静止的。

但事实上，地球和其他行星都在万有引力的作用下，在椭圆形的轨道上以基本恒定的速度围绕太阳运行，同时地球又围绕自己的中心轴在自转，一天自转一周，转得很快。从地球上观察太阳系所有的星体，它们的运动轨迹都是地球自转和各个星体围绕太阳公转这两种运动的叠加，这种叠加使得确定各个星体真实的运动轨迹非常困难，这是当时阻碍人们接受日心说的第二个原因。

于是，在这样的局限下，中国的古人产生了"天圆地方"的宇宙观，而在西方，地心说成了造物主存在的有力证据，任何动摇地心说的说法都被视为对上帝的挑战，被打上异端邪说的标签。历史曾经陷入黑暗之中，直到哥白尼出现，人类的科学领域才真正翻开了第一页。

 图2-2 位于波兰华沙的哥白尼塑像。

哥白尼是波兰人,他的职业是神父。20多岁的哥白尼曾经想办法证明地球是圆的。在波罗的海,他一次又一次在岸边观察帆船,有一次他请求一名船主在帆船桅顶绑上一个光源,他凝视着帆船慢慢驶远,"随着帆船的远去,那个亮光逐渐降落,最后完全隐没,就好像太阳下山一样",如果大地是平的,帆船就不可能一点一点降落。类似的观察使他确信:不仅地面,就连海面也是圆的。

如果地是圆的,那站在球底的人为什么不会掉下去呢?海面也是圆的,水为什么不会流走呢?没有人能回答这些问题,所以哥白尼的主张被斥为"荒谬"。直到哥白尼49岁的时候,麦哲伦带领的船队从西班牙出发一直向西航行,然后从东面返回,这才真正证明了地球是圆的,而且宇宙中没有任何东西托着这个圆球,这真是太令人惊讶了!

哥白尼提出,是地球围绕太阳旋转,同时在自转。而人们的感觉是整个宇宙都在围绕地球运转。这里面就存在一个悖论:如果地球是静止的，那就意味着宇宙中很多星体都在围绕地球转动。如果我们担心地球会因为转动而四分五裂，那我们为什么不替其他星体担心呢？这就好像在厨房里烤肉，你见过整个炉灶围着烤肉转吗？一定是烤肉自己在旋转啊！

逻辑推理常常能直击问题的要害，但要佐证观点，还得靠数据。 哥白尼详细记录了从1497年至1529年间50多次天文观测的数据。家里的楼顶就是他日夜仰观天象的地方，只要天空没有云彩，即使在寒冷的冬夜，哥白尼也会穿上大衣，戴上棉帽，在寒风中通宵达旦地对天空进行观测。他记录了日食、月食，还有火星、金星、木星和土星运行的方位，

地心说完全不契合这些数据。即使和今天的数据比,哥白尼观测得到的数据也很精确。例如,他计算得出的恒星年时间为365天6小时9分40秒,比今天的精确值多约30秒,误差只有百万分之一;他得到的月亮到地球的平均距离是地球半径的60.30倍,和今天60.27倍的准确值相比,误差只有万分之五。

如果没有数据,人类到现在可能都无法了解太阳系的真相,只要我们生活在地球上,我们的肉眼就永远看不见这个真相,我们也永远感觉不到。即使到今天,又有几个人见过地球在自转呢?又有谁见过地球在围绕太阳旋转呢?飞机飞得再高,我们还是连地球是圆的都看不到,更别提看到地球在转了!就算你像航天员杨利伟那样进入太空,人眼所能看到的,也还不是宇宙的全貌和真相啊!

人类第一次从太空中看到地球的全貌,是由宇航员哈里林·施密特在近4.5万千米的高空为地球拍摄的画面。

哥白尼这么伟大,但在他的有生之年,他从来没有得到过大家的肯定和称赞,相反,全国上下对他各种冷嘲热讽,这其中不乏我们耳熟能详的一些大人物,例如大文豪莎士比亚、大哲学家培根、大文学家蒙田,他们都嘲笑哥白尼是"研究占星术的暴发户，一个试图反对整个天文学的傻瓜"。宗教领袖就更不用说了，他们坚决不肯相信哥白尼。哥白尼一直到死，全世界也没几个人相信他的日心说。后来继承了他观点的伽利略，也被很多人视为疯子，为了保住性命，能继续做研究，伽利略甚至被迫发表公开声明，表示放弃日心说。在写给朋友的一封信中，伽利略曾经感叹说："哥白尼终身被人嘲笑，他仅仅在少数人心目中获得了流芳百世的不朽名声。"

人们为什么会拒绝一个新的想法呢？这是因为一个人从婴儿到长大成人，有几十年的时间，会在不知不觉中形成自己的观点、判断和信念。**当一件新生事物出现的时候，就会挑战人们固有的想法和信念，因此绝大部分人的第一反应就是反对。**一个想法越新颖、越前卫，人们的反对就可能越强烈，这好像是人类的天性，从古至今，这个天性从来没有改变过。严格地说，哥白尼是一个发现者，一个理论创新者，但实物的发明者同样也会遭遇这样的尴尬和困境，历史上不乏这样的例子。

当查尔斯·纽伯德发明铸铁犁的时候，农民拒绝使用，认为它会污染土壤，把有毒的物质带到食品里面。当切斯特·卡尔森发明复印机的时候，他花了5年时间才找到一家公司对他的复印机感兴趣，这期间有20多家公司拒绝了他的想法。当伊莱亚斯·豪发明缝纫机的时候，他认为这是服装业的福音，将彻底改变服装业的现况，只要他一公开他的发明，就会大受欢迎，人们会对他赞不绝口，但结果完全出乎意料，任何一家美国公司都不想购买他的缝纫机，无奈之下他只好到英国去寻求投资，新生产出来的缝纫机甚至遭到工人的集体抵制、围攻、砸毁。

有些人可能有创新的思维，但没有创新的勇气，一看到创新所要面对的困难、所需要付出的代价，他们就举步不前了。马克·吐温曾经说：**人们会把有新奇想法的人看作一个怪物，直到他获得成功**。所以如果你有一个新的想法或者产品，你必须做好准备，人们对它的第一反应很可能是消极、冷漠，甚至反对，直到你成功。

\5/ 学会真正的观察：发现超新星的第谷

【人物】	第谷·布拉赫
【出生日期】	1546 年 12 月 14 日
【成就】	1572 年 11 月 11 日，第谷发现仙后座中的一颗超新星，后来受丹麦国王腓特烈二世的邀请，在汶岛建造天堡观象台，经过 20 年的观测，第谷发现了许多新的天文现象。

哥白尼拉开了一场革命的序幕，这场革命被后人称为"科学革命"，它对人类的重要性，就像农业革命、工业革命一样。作为科学革命的第一个主角，哥白尼表现出来的最大特质是**"勇气""观察""相信逻辑和数据"**。

虽然哥白尼正确地指出了是地球在围绕太阳转动，但他大大低估了太阳系的大小，同时错误地认为行星的运行轨迹是圆形的。这样一来，哥白尼的一部分观测数据就不能完全符合他提出的日心说架构，也就是说，它们是矛盾的，哥白尼无法自圆其说。这也是很多人嘲笑他的理由。

要解决这些问题，当时的天文学家意识到需要获得更多的数据，其中最为执着的是丹麦天文学家第谷·布拉赫（1546—1601）。1576年，第谷说服了丹麦国王，花了一大笔钱在丹麦海峡的汶岛建设了当时全世界最好的天文台。第谷此后坚持了25年的夜间观察，并把这些数据全部记录了下来。长时间的观测是极其枯燥的，但第谷不厌其烦，他对着一颗恒星观测了6年，获得了极为精确的位置数据，然后以它为基准，测量出了另外1000多颗恒星的位置。

第谷留下的观测数据，是天文学历史上不可磨灭的重大贡献。正是因为这些数据，天文学从对古代数据的依赖当中解放了出来，消除了一系列由于错误数据导致的错误结论。后人评价说，第谷编纂的星表数据已经接近肉眼分辨率的极限，他的观测精度之高，同时代的其他人都望尘莫及。他去世后不久，伽利略就制造出了望远镜。可以说，第谷是人类历史上最后一位，也是最伟大的一位用肉眼观测天空的天文学家。

1572年11月11日傍晚，太阳落山后，第谷吃完晚饭外出散步，他突然发现，一颗耀眼的星出现在他熟悉的仙后星座，像灯塔一样明亮。长期的观察已经让第谷对星空像对自己的手掌一样了解，他确认以前这个地方没有星星，他感到非常吃惊："我好像怔住了，呆呆地站着，对着天空仰视了许久，我的眼睛专注地凝视那颗恒星，它位于古人称为仙后座的那几颗恒星附近，在我确认了这个位置从未有过任何恒星之后，我不由得对这个不可思议的东西感到非常困惑，甚至怀疑自己的眼睛。"

和爸妈一起学创新

从这一天开始,第谷每晚持续不断地对这颗星进行观察,他发现这颗星一夜比一夜亮,最后超过了金星的亮度,后来甚至在白天也可以看见它。过了一年,这颗星渐渐地暗了下去。又过了 4 个月,这颗星终于在天幕上消失了。这颗星一共在天上待了 16 个月,第谷以惊人的耐心,不分寒暑坚持观测,做出了详细的记录。

第谷看见的东西,叫"超新星"。今天我们知道,一颗恒星也会生老病死,"超新星"就是一颗恒星走到生命尽头时发生的大爆炸。银河系里几乎每年都会出现超新星,但肉眼能观测到的非常少,非常罕见,从 1800 年到 1900 年,百年间人类才仅仅观测到五次。

1577 年,第谷又观测到一颗明亮的彗星。当时,不少人都以为彗星只是地球大气中的一种光学现象。第谷逐日跟踪这颗彗星两个多月,并计算彗星的位置,以此来推算彗星运行的速度。第谷证实,彗星的轨道远在月球轨道的外面，绝不可能是大气现象。

这些发现都有划时代的意义。在这之前，人们认为恒星天体属于万古不变的区域，天球由坚不可入之物构成，分为许多球层，而天体则附着其上，随这些球层运转。一个星体不可能穿越天球，更不可能有新的星体产生，这就是当时教会认定的官方理论，第谷的观察和结论犹如知识界的一颗炸弹，彻底地否定了这个体系。

第谷发现的超新星和彗星，都是天空中的"异常"事件，异常事件的发现，非常难得，是以对平常事件长期细致的追踪为前提的。异常事件又非常重要，就像一大群白天鹅里突然出现一只黑天鹅，对于科学家来说，这只黑天鹅就是一个契机，他们就可以重新审视、完善，甚至推翻一个理论，也可以说一旦观察到异常事件的发生，就可能拿到了打开创新之门的钥匙。

观察是重要的方法和手段。我们每个人都有一双眼睛，毫无疑问，我们都是观看者，看人看书看电视，看街上的车水马龙，看窗外的蓝天白云，但遗憾的是，我们只是看，很少有人是真正的观察者。

要做一个创新者，一定要学会使用你的眼睛，学会真正的观察。我们建议你用以下这个简单的方法来训练自己的观察能力。

你可以选择一个餐厅或者食堂，做一个实验，实验内容不是吃饭，而是认真观察一下进进出出的人。数一下有多少人独自进来，比较一下他们与结伴而来的人有什么不同，是局促、紧张，还是放松，请注意他们的脸、表情和身体姿态，它们透露出哪些关于情绪的线索。

和爸妈一起学创新

实验地点甚至可以在教室里，或者教室外面的走廊上，随便找个人，观察他，可以是同学、老师或者学校的行政人员，有哪些线索可以反映他的心理状态？当他跟不同的人寒暄时，眼神、语气和表情是否不一样？有哪些言谈举止会表明他的态度？

脸，是一个人身上最大的信号源。只有善于观察别人的表情和情绪，才能了解别人，才能换位思考，关心别人才能关心到点子上。**而换位思考是很重要的创新创业的方法**，在《和爸妈一起学创业》这本书里，我们会讲换位思考帮助企业家成功的例子。

观察无处不在，我们建议你每天抽出10分钟，对某个事物进行观察，然后在笔记本上记录下观察所得。过一段时间，再回顾笔记，寻找新的观察角度，并且和其他事物联系起来。这样做，你就可以同时练习几种很重要的创新者特质。

\6/ 创新能力和智力没有太大关系

　　读完前面这五个故事，相信你对创新者究竟有哪些特质，已经有了自己的判断和看法，我们把第 1 章以及第 2 章中所有创新者的特质总结了一下，做了一张表（见表 2-1）。表格分成了"个人品质"、"思维方法"和"行为习惯"三个大类。希望你跟随这个表格，也做一次思考和总结，看看自己在哪些方面做得好，在哪些方面还可以提高。在后续章节，我们还会继续完善这张表，以期得到一张更为完整、准确的大表，为你成为创新者提供参考，指明方向。

和爸妈一起学创新

表 2-1　创新者的特质

个人品质	思维方法	行为习惯
● 勤奋 ● 有勇气面对舆论的压力 ● 不怕和别人不一样 ● 特立独行 ● 不怕失败 ● 关注细节，追求完美	● 善于联想 ● 分类 ● 列表对比 ● 双向思维 ● 逆向思维 ● 归纳组合 ● 更相信数据和逻辑推理，而不是感觉 ● 及时发现异常事件 ● 创新要和商业相结合	● 用心观察 ● 随时记录，马上记录，系统记录，经常温习自己的记录 ● 喜欢拆东西、装东西、做实验

需要强调的是，上面这些品质、习惯和方法，并没有什么特别之处，都是可以通过学习、教育来培养的。换句话说，创新的能力，并不取决于某些特殊的才能，而是取决于对一些"普通"才能的开发和利用，这些才能人人都可以掌握，但是很多人从来没有真正学会它们。这就好像你有一件宝贝在家里，自己却从来不知道，还常常羡慕别人手里的宝贝。

20世纪50年代以来，有越来越多的国家认识到创新的价值和意义，他们组织科学家对创新者进行了系统的研究。有一点结论已经可以肯定，

创新能力和智力没有很大的关系，智商测试得分高并不意味着富有创造力，得分低也不意味着缺乏创造力。一个人的智力有相当程度的先天因素，但是创新能力则完全不同。科研人员统计了很多创新者的智商，他们发现，很多创造力强的人智商测试得分明显低于天才的水平。在富有创造力的人群中，至少有70%的人的智商测试得分低于135。

简单地说，智商测试并不是用来测试创造力的。创新的能力和智商等先天禀赋有一定关系，但后天的学习、教育和训练比先天禀赋的重要性高太多太多。

接下来的章节，我们会继续回顾历史上一些重大创新究竟是怎样发生的，总结创新的进程和方法。我们要注意的是，创新的主体虽说一定是人，但创新的组织者，可能会是一个公司、一个政府，甚至一个国家。

和爸妈一起学创新

画重点

- ☑ 面对不可能，我们应该用积极的态度忽视它，我们应该尝试一些大多数人都不敢做的事情，给自己定下不太可能实现的目标。

- ☑ 专注在自己的兴趣和爱好上，不要因别人的看法而改变自己。

- ☑ 为什么创新者需要勤奋？因为创新需要不停地尝试。如果你有一个新的想法或者产品，你必须做好准备，人们对它的第一反应很可能是消极、冷漠，甚至反对，直到你成功。

- ☑ 要做一个创新者，一定要学会使用你的眼睛，学会真正的观察。

- ☑ 创新者的品质、习惯和方法，都是可以通过学习、教育来培养的。创新的能力，并不取决于某些特殊的才能，而是取决于对一些"普通"才能的开发和利用。

第3章

发明家的接力赛：渐进式创新

\1/ 水壶、高压锅和蒸汽机

不知道你有没有听过这个小故事：

瓦特小时候有一天看奶奶做饭，炉子上的水开了，壶盖不停地上下跳动。瓦特觉得很奇怪，就问："奶奶，壶盖为什么会动？"奶奶说："水开了，水蒸气冲出来，壶盖就动了。"瓦特还是不明白：为什么水开了就会有水蒸气呢？为什么水蒸气能让壶盖动起来呢？于是，他常常坐在炉边，一边看一边想。长大后，他做了很多试验。再后来，他改良了蒸汽机，成了一位有名的科学家。

这个故事流传很广，在不同的国家有不同的版本，但内容大致相同，都是说瓦特受水壶冒出来的蒸汽的启发，发明了蒸汽机。

但是，我们要告诉你一个事实：瓦特并不是蒸汽机唯一的发明人。蒸汽机的出现是一群人前仆后继、不断创新的结果。而且，据历史学家考证，《瓦特和水壶》的故事是虚构的。这个故事最初是由瓦特的儿子小詹姆斯·瓦特编出来的。因为是儿子讲爸爸的故事，所以很多人信以为真。

真实世界里蒸汽机的起源与水壶没有关系，却和高压锅密切相关。没错，就是我们家里厨房常用的高压锅。

1679年，法国的丹尼斯·帕潘发明了高压锅。为了防止炸锅，帕潘给高压锅设计了一个安全阀。

这个安全阀的形状和构造与我们现在用的高压锅安全阀不同，但基本的原理是一样的。所以，为了方便你理解，我们用现在的高压锅安全阀作为例子，来说明它是怎么和蒸汽机搭上关系的。

见过高压锅煮东西的同学一定知道，高压锅上面有一个会喷气的转子。这个转子就是高压锅的安全阀。如果你用手拿起过安全阀，你就会记得它特别重。

安全阀装在高压锅盖的出气孔上。当高压锅内压力比较小的时候，安全阀会用自身的重量压住出气孔。这样，锅里面的蒸汽就跑不出来。蒸汽跑不出来，高压锅内的温度和压力就会上升，并维持在一个很高的

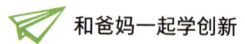

水平，从而可以在很短时间内把食物煮烂。

但当高压锅内压力继续上升并达到一定程度时，锅内的蒸汽就会推动安全阀向上运动——就像《瓦特和水壶》的故事里被顶起的壶盖一样。

安全阀被顶起，蒸汽就会趁机从锅盖上的排气孔跑出来，释放锅内的压力，从而防止锅体爆炸。

压力释放后，锅内的压力变小，出气孔向外喷出蒸汽的推力变小，安全阀因自身重量又落回原处，锅再次被密封起来……

这样不断重复的过程就是高压锅安全阀的基本工作原理。

在研究高压锅的过程中，有一天帕潘突发奇想：如果造一个更大的"锅"，不就可以产生更多的蒸汽，不就可以顶起一个更大更重的"安全阀"了吗？

经过一番精心思考，1690年，帕潘构想出了活塞式蒸汽机的设计原理。

活塞是专指一种机械设备的术语。你可以简单理解为，它是一个可以活动的塞子。它既能实现活塞体的密封功能，又能够移动。在当时，活塞是一个制作难度非常高的设备。因此，帕潘虽然对活塞式蒸汽机的设计原理进行了思考，却并没有真正制造出可使用的蒸汽机。

换句话说，帕潘只是提出了蒸汽机的创意。

\ 2 / 射门的是瓦特，但传球的有好多人

后来，英国发明家和工程师托马斯·塞维利对帕潘的蒸汽机设计原理进行了仔细的研究，在1698年制造出了一台可以用于煤矿抽水的蒸汽机，被后人称为塞维利机。

塞维利机由锅炉和汽缸两部分组成。先通过锅炉把水加热，使汽缸充满水蒸气，然后关闭进汽孔，密闭汽缸，再往汽缸里注入冷水，让汽缸里面的水蒸气冷凝，从而在汽缸里形成局部真空。此时将与汽缸相连的管道一头浸入矿井的水中，就可以把水"吸"到高处。冷凝是一个物理学上的说法，指水蒸气遇冷后从气体状态变成体积小得多的液体状态的水的过程。

塞维利机的工作原理跟小朋友玩的抽拉式水枪或者医生打针用的针筒相似，都是靠制造真空吸水。只不过抽拉式水枪和针筒靠人力拉动活塞来制造真空，而塞维利机利用水蒸气冷凝后后体积变小的物理性质来制造真空。

塞维利机是人类历史上第一台实用的蒸汽机，但它有两个明显的缺

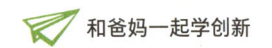

点：第一，它效率很低，为了维持机器的运转，需要烧大量的煤；第二，它靠类似"真空管"的结构直接吸水。如果你已经学过关于大气压的物理知识，那么你一定知道这样的"真空管"最多只能把水吸到大约10米的高度。而很多矿井的深度要远远大于10米，这就意味着在这样的矿井使用塞维利机抽水，就必须把机器放在地面以下很深很深的地方，而这样做，整个装置的建造和操作都非常不方便。

这些缺点都极大限制了塞维利机的普及。

又过了十几年，时间到了1712年，托马斯·纽科门综合了帕潘的气缸活塞设计和塞维利机靠冷凝蒸汽形成真空抽水的优点，将抽水的泵和提供动力的蒸汽机完全分离开来，发明了纽科门蒸汽机。

和塞维利机的构造类似，纽科门蒸汽机也有一个汽缸，但和塞维利机不同的是，纽科门蒸汽机在汽缸上面加了一个活塞。

纽科门蒸汽机开动时，蒸汽被引入气缸，进气阀门关闭，冷水被洒入汽缸，蒸汽受冷变成水，体积变小，造成真空。这时，活塞就会被"吸入"汽缸，产生拉力。汽缸活塞通过一个类似跷跷板的连杆装置和安装在矿井中的水泵活塞相连接，蒸汽机活塞被吸入汽缸的拉力转换成拉动水泵活塞向上的拉力，从而将水抽到地面。

因为蒸汽机和水泵分离，蒸汽机就不需要建在离水面很近的地方。矿井很深的话，只要相应地增加连接水泵的连杆的长度即可，这就克服了前面提到的塞维利机建造位置受限的缺点。

纽科门蒸汽机的出现标志着蒸汽机革新中第一阶段工作的完成。在

第 3 章　发明家的接力赛：渐进式创新

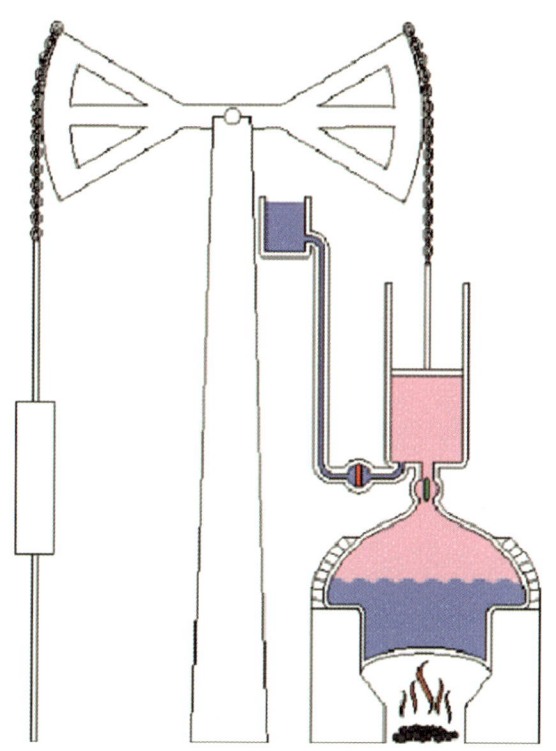

 图 3-1　纽科门蒸汽机工作示意图。作者：Emoscopes。

接下来的差不多 50 年时间里，纽科门蒸汽机被广泛使用，成为英国煤矿抽水的必备设备，其工作原理也在大学里被广泛教学。

纽科门蒸汽机虽然克服了塞维利机建造位置受限的缺点，但却保留了塞维利机效率低下的毛病，前面我们讲到，活塞是一个制作难度非常高的设备，汽缸的制作就更难了，用在纽科门蒸汽机上的活塞和汽缸，因为相互之间接触不够紧密，常常漏气，效率很低，使用起来需要消耗大量的煤。好在它主要被用来在煤矿抽水，耗煤多不是大问题，因为煤矿有的是煤，多烧点就多烧点，但却极大地限制了纽科门蒸汽机在其他场合的使用。

就在这样的历史节点，瓦特出场了。

\3/ "铁疯子"的助攻

詹姆斯·瓦特1736年出生于苏格兰的港口小镇格林诺克,父亲是个熟练的造船工人,拥有自己的造船作坊,母亲出身于贵族家庭并受过良好的教育。

瓦特小的时候体弱多病,去学校上学的时间不多,主要是由母亲在家里教他学习。

 图 3-2　詹姆斯·瓦特像。

和爸妈一起学创新

他喜欢在他父亲的作坊里摆弄各种工具。在那里，瓦特学会了制作模型，并逐渐掌握了修理船舶的仪器，后来证明，通过动手摆弄，为未来创新打下了重要的基础。

17岁时，瓦特的母亲去世，父亲的生意也开始走下坡路。为了谋生，瓦特到伦敦的一家仪表厂当了一年的学徒。之后，他回到家乡附近的苏格兰最大城市格拉斯哥，并于1757年在格拉斯哥大学校园里开设了一家小商店，制造和修理仪器。

1763年，格拉斯哥大学的一台纽科门蒸汽机突然坏了，人们把它送到瓦特的店里，希望他来修理。

在修理的过程中，瓦特开始琢磨纽科门蒸汽机效率低的原因。经过大量实验，瓦特发现纽科门蒸汽机的活塞每推动一次，汽缸需要先引入高温的水蒸气，然后又要注入一次冷水。就这样反反复复，汽缸一会儿热一会儿冷，80%的热量被白白消耗掉了。

1765年，瓦特想到如果能够单独设计一个冷凝装置，就不需要往汽缸里交替注入蒸汽和冷水，使它忽热忽冷了。他估算，这样的分离设计可以使蒸汽机的效率提高3倍。依照这一思路，瓦特很快建造了一个可以运转的模型。

但是要想建造一台实际的蒸汽机还有很长的路要走。瓦特设计的蒸汽机，和纽科门蒸汽机一样，需要使用活塞和汽缸，但囿于当时的工艺水平，钢铁厂制造出来的汽缸内壁不够平整，存在漏气的问题。要提高效率，必须先解决漏气的问题。

第3章 发明家的接力赛：渐进式创新

图 3-3 瓦特蒸汽机中的汽缸和冷凝器实现了分离，这使汽缸保持高温状态，大大提高了效率。

（汽缸，可以看到和冷凝器分离后，一直是热的。）

（独立的冷凝器。水蒸气在这里被冷却，变成液态水。）

在接下来的近十年时间，瓦特都在寻找解决这个问题的办法，却没有大的进展。时间到了1775年，马修·博尔顿成为瓦特的合伙人。在这之前，博尔顿一直经营一家铸造厂，所以对当时金属加工领域的创新非常熟悉，听说瓦特的烦恼后，他带着瓦特去找发明家约翰·威尔金森。

威尔金森，人送外号"铁疯子"（Iron-Mad）。他有这个外号，是因为他这一辈子对铁的加工技术的痴迷到了近乎疯狂的境地，直到他临死之前，还坚持死后要葬在自己设计的铁棺材内。

1774年，威尔金森发明了一种新的精密镗床，用于加工枪管、炮

和爸妈一起学创新

管。瓦特问威尔金森："你的机器能不能在整块铁上挖一个比炮管还粗的洞？"

"铁疯子"一听，来了精神："我试试！"

威尔金森用这台新式炮筒镗床，镗出一个内壁又平整又光滑的汽缸，完全满足了瓦特的要求。三个人兴奋得跳了起来。

这个故事告诉我们，**再聪明的创新者也很少是单打独斗的，他们会和别人合作，然后一起成功**。比如在这个故事里，瓦特、博尔顿和威尔金森合作，解决了蒸汽机汽缸漏气的关键难题。再比如在第 1 章里我们讲到乔布斯和康宁公司合作，制造出了 iPhone 独一无二的漂亮大屏幕。

1776 年，瓦特的第一批新型蒸汽机终于制造成功，并应用于实际生产。

和纽科门蒸汽机一样，瓦特的首批蒸汽机只能提供往复直线运动的动力，因而主要应用于抽水泵上。

为了使得蒸汽机能为绝大多数机器提供动力，在接下来的5年时间，瓦特继续研究如何将蒸汽机的直线往复运动转化为圆周运动。

1781年，瓦特和他公司的雇员威廉·默多克合作，发明了一种被称为"太阳—行星"的曲柄齿轮传动系统，将蒸汽机输出的活塞的直线往复运动变成了圆周运动，这使得蒸汽机具备了为当时绝大多数机器提供动力的能力。如果有机器需要做直线往复运动，蒸汽机就去掉"太阳—行星"的曲柄齿轮传动系统，直接带着机器做往复运动；如果机器需要旋转，蒸汽机就装上"太阳—行星"的曲柄齿轮传动系统，带着机器旋转。

之后的6年里，瓦特又对蒸汽机做了一系列改进：发明了双向气缸，提高了活塞的工作效率；发明了节气阀门，来控制气压大小；发明了离心节速器，来控制蒸汽机的运转；发明了仪表，来指示蒸汽状况；等等。所有这些革新结合到一起，使得瓦特蒸汽机的效率达到了过去的纽科门蒸汽机的5倍。

在这之后的50年，瓦特蒸汽机被广泛地应用于工厂，成为带动各种机器运转的最重要的动力来源，它的出现为火车和轮船的出现奠定了基础，可谓拉开了工业革命的序幕。

还记得第1章里那张人类2000年间财富积累的图吗？在那张图里，我们可以看到第一次工业革命把人类从持续贫穷带上了不断富裕的道

和爸妈一起学创新

路，而推动这个转变的最根本的力量，就是瓦特的蒸汽机。

为纪念瓦特的贡献，国际单位制中的功率单位以瓦特命名。今天，世界上的每一个电灯泡、每一台电冰箱、每一台洗衣机都标有"××瓦"的字样。这个瓦就是瓦特的简称。

\ 4 / 渐进式创新就像拉力赛

在前面的故事里，我们可以看到，蒸汽机的出现不是某个天才灵光乍现，一下子创造出来的。它是一群人不断对现有的机器加以改进，逐步完善的过程。

在第1章里，我们提到过，这样的创新叫作渐进式创新。人类的绝大多数创新都是渐进式创新。

渐进式创新是一个长期的过程。从帕潘根据高压锅想出最早的设计原理，到瓦特最终制造出高效率、易操作、输出旋转运动的蒸汽机，差不多经过了100年的时间。

在这100年里，一群发明家被时代的大手推动着，像接力赛跑一样，后面的人不断接过前人手中的接力棒，最终跑到了成功的领奖台。如果你还记得，塞维利借鉴了帕潘的设计；纽科门综合了帕潘的设计和塞维利机的特点；瓦特解决了纽科门蒸汽机的问题……

和爸妈一起学创新

 图 3-4 瓦特蒸汽机是渐进式创新的结果。

好奇的你，可能要问，这和我有什么关系呢？

当然有关系，渐进式创新的故事告诉我们，如果你将来想成为一个创新者，培养两种能力很重要：**第一种是"用发展的眼光看待创新"的能力，第二种是"学习借鉴"的能力。**

\5/ 初生的火车不如马：用发展的眼光看创新

1825 年，人类的第一台载客火车机车被成功发明，英国的《季度评论》(The Quarterly Review) 杂志针对即将上路的客运火车，发表评论说："说什么火车的速度可以达到马车速度的 2 倍，还有什么比这更荒谬的事情吗？"

火车不能比马车快两倍？开玩笑吧！坐过高铁的我们都知道，火车不仅可以比马车快 2 倍，而且可以比马车快 20 倍！

那么发表上述评论的"古人"为什么会闹出这样的笑话呢？

因为他不懂得用发展的眼光看创新。

1825 年，火车还是个新鲜事物。

跟蒸汽机一样，火车和铁路的出现也是经历了漫长的过程。

4000 多年前，古代巴比伦人发明了沿轨道推动车辆的方法，只是那时的轨道是用木头做的。

1789 年，英国工程师威廉·杰索普设计出凸形铁轨和与之相配的有凹槽的铸铁轮子，形成了"铁路"的雏形，人或者马拉动的车辆在"铁

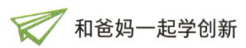和爸妈一起学创新

路"上行驶,可以又快又省力。

18世纪90年代,经过瓦特的改进,蒸汽机技术日渐成熟。一些英国工程师开始研究如何将蒸汽机运用在铁路运输上。

1803年,英国人理查德·特里维西克尝试制造了世界上第一台利用轨道的蒸汽机车,1804年在加的夫首次运行。但特里维西克的机车行驶速度很慢,比走路快不了多少,而且还会经常压断铁轨,实用性非常差。有点沮丧的特里维西克随后放弃了该项研究,跑到南美洲制造供金银矿使用的蒸汽机去了。

在这样的背景下,乔治·史蒂芬逊站了出来,补上了历史的缺位。

乔治·史蒂芬逊,英国的机械工程师、发明家,被称为"铁路之父"。他1781年6月9日出生于诺桑伯兰郡的矿区,父母都是目不识丁的普通劳动者。因为家境贫寒,他10岁起便在煤矿上做零工,14岁那年当了一名见习蒸汽机司炉工。所谓司炉工,就是往锅炉内铲入煤炭,让蒸汽机工作的人。而见习,是指还在学习阶段,不允许独立工作。

司炉的工作异常辛苦。史蒂芬逊常常在劳累一天后,感到腰酸背痛,但他却舍不得休息,总是继续守在蒸汽机旁边,认真观察、仔细琢磨机器工作的原理。

可史蒂芬逊没上过一天学,机器上的标记符号一个字也看不懂,这让他懊恼不已。

17岁时,史蒂芬逊终于成为一名正式的司炉工,开始有了一点微薄的工资。早已意识到教育价值的他,终于可以付得起学费上夜校了。他

第3章 发明家的接力赛：渐进式创新

在夜校刻苦学习阅读、写作和数学，很快就学会了看懂各种科技书籍。这让史蒂芬逊在研究蒸汽机技术时如虎添翼。

有一天，矿上的一台蒸汽机突然坏了，几位老师傅修了很长时间还是修不好。在边上的史蒂芬逊自告奋勇："能不能让我试试？"他拆下部件，仔细检查，很快修好了机器。史蒂芬逊因此被破格提拔为工程师，成为矿上第一个工人出身的工程师。

当上工程师的史蒂芬逊决心将瓦特蒸汽机应用于交通运输，开始着手研究制造蒸汽火车机车。1814年，史蒂芬逊设计了他的第一台蒸汽机车。这台名为"皮靴"号（Blucher）的机车，被用来在煤矿拉煤。

在开发机车的同时，史蒂芬逊也同时进行铁轨的研制，针对当时的铁轨含碳高、易脆裂的缺点，史蒂芬逊尝试使用含碳量更低的铁材料，并取得成功。

史蒂芬逊将铁轨的轨距统一为1.435米。这跟我们中国秦始皇统一天下后"车同轨"的做法有异曲同工的效果，极大地方便了铁路普及。今天世界上60%的铁路用的是史蒂芬逊首倡的"标准轨距"。中国也是用标准轨距的国家。

1825年，史蒂芬逊和儿子罗伯特·史蒂芬逊一起造出了"机车一号"，这是世界上第一台在公共铁路上运行的载客蒸汽火车机车。

而《季度评论》大放厥词，针对的就是史蒂芬逊父子和他们的"机车一号"。

客观地讲，《季度评论》的评论，在当时看起来也是有道理的："机

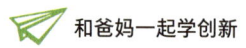
和爸妈一起学创新

车一号"时速 24 千米,马车时速 20 千米,这哪里比马车速度快 2 倍了?

《季度评论》犯的错误是完全没有看到火车机车未来的潜力。我们现在知道,"机车一号"只是人类历史上的第一台载客火车机车。之后,火车机车被不断改进,从烧煤变成了烧油又变成用电,越跑越快。今天,我国的"复兴号"电力动车组,最高时速可达 400 千米,是马车时速的 20 倍。

今天,如果我们也跟《季度评论》的编辑一样用缺乏发展的眼光看待创新,我们就会和他闹一样的笑话。

闹个笑话、丢个小脸还在其次,更严重的后果,是我们可能会因此失去创造历史的机会。前面讲到,特里维西克先于史蒂芬逊造出了火车机车,但是因为他发明的火车机车实用性差,就放弃不搞了,转而去研究挖金矿的蒸汽机了,以至于当后来铁路在英国蓬勃发展时,他只能眼睁睁看着"铁路之父"的桂冠戴到了史蒂芬逊的头上,后悔莫及。本来,他也有机会跟史蒂芬逊一争高下的,但他没有远见,看不到未来,白白错失了良机。

\6/ 善于学习借鉴

善于学习借鉴是我们要介绍的跟渐进式创新有关的第二种能力。

还记得第 1 章里乔布斯的故事吗？

乔布斯在参观施乐帕克研究中心时，见到了图形用户界面和鼠标，随后将它们用在了麦金塔电脑上面。

出于这个原因，有人指责乔布斯进行了工业史上最严重的剽窃。这样的指责是有失公允的。

首先，这次参观的机会是乔布斯谈判交换来的，所以是合法的。1979年，苹果上市的前夕，施乐的风险投资部门找到乔布斯，提出想投资风头正劲的苹果公司。对施乐的先进技术早就有所耳闻却不了解详情的乔布斯借机开出了条件：要投资，没问题，但作为交换，施乐得让苹果的人参观施乐帕克研究中心的新技术。施乐公司接受了乔布斯的条件，同意向苹果展示施乐帕克研究中心开发的新技术；作为回报，乔布斯允许他们以每股 10 美元的价格买下 10 万股苹果公司的股票。后来，施乐公司从这笔投资中赚到了超过 10 倍的回报。

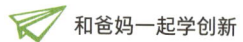

第二,乔布斯并没有"依样画葫芦"。在第 1 章里,我们讲到,他对鼠标和用户界面进行了革命性的改进,而且乔布斯也从来没有否认他学习了施乐的技术。从法律的解读来说,专利法严禁抄袭或"山寨",但在借鉴基础上再创新是完全允许的。

善于借鉴和学习是很多创新者的重要特质。渐进式创新注定了创新者必须要在前人的基础上再创新。蒸汽机的发明就是这样一个不断再创新的过程。从更广泛的意义上来讲,也正是因为有无数创新者前仆后继,才有了我们今天的人类文明。当然,我们旗帜鲜明地反对不加改进的"完全抄袭"行为,因为这是对创新者赤裸裸的偷窃,既不光彩,也是违法的。

讲完了渐进式创新的故事和启示,我们接下来讲突破性创新和颠覆式创新。

在这一章里,又出现了几个创新者的特质,我们来继续补充到这张表里。

第 3 章　发明家的接力赛：渐进式创新

创新者的特质

个人品质	思维方法	行为习惯
● 勤奋 ● 有勇气面对舆论的压力 ● 不怕和别人不一样 ● 特立独行 ● 不怕失败 ● 关注细节，追求完美 ● 善于学习、借鉴	● 善于联想 ● 分类 ● 列表对比 ● 双向思维 ● 逆向思维 ● 归纳组合 ● 更相信数据和逻辑推理，而不是感觉 ● 及时发现异常事件 ● 创新要和商业相结合 ● 用发展的眼光看待创新	● 用心观察 ● 随时记录，马上记录，系统记录，经常温习自己的记录 ● 喜欢拆东西、装东西、做实验 ● 善于与人合作

和爸妈一起学创新

> **画重点**
>
> ☑ 再聪明的创新者也很少是单打独斗的,他们会和别人合作,然后一起成功。
>
> ☑ 如果你将来想成为一个创新者,培养两种能力很重要:第一种是"用发展的眼光看待创新"的能力,第二种是"学习借鉴"的能力。

第4章

从0到1：
突破性创新和颠覆式创新

\1/改变世界的一瞬间

在第 1 章里，我们提到创新的"新"有两种新法。一种是对旧有的东西加以改进，让它变得更好；一种是做出一个以前完全没有的东西。我们把前一种称为渐进式创新，把后一种称为突破性创新。

打个简单的比方，渐进式创新是从 1 变成 100 的创新，而突破性创新是从 0 到 1 的创新。渐进式创新是一个长期积累的过程，而突破性创新往往表现为一瞬间的突变。

1928 年 7 月底，伦敦的天气特别闷热，伦敦大学圣玛丽医学院赖特研究中心开始放暑假。细菌学教授亚历山大·弗莱明连实验台上的器皿都没有收拾好，就匆匆地去乡下度假了。

9 月初，天气转凉，弗莱明结束了休假，一回到实验室，头一件事情就是整理这些散落在实验台上的器皿。

器皿里装的是他早些时候培养的金黄色葡萄球菌。金黄色葡萄球菌是造成人体伤口感染化脓的一种常见细菌，很难对付。弗莱明研究它就是为了找到杀死它的办法。

第 4 章　从 0 到 1：突破性创新和颠覆式创新

"糟糕，长霉了！"弗莱明发现其中的一个玻璃器皿里长出了一个绿色的霉斑。

长了霉意味着里面培养的金黄色葡萄球菌已经被污染了，就不能继续拿来做实验了。通常的做法就是把它处理掉，但弗莱明却没有这么做，他很好奇，想看看霉菌是怎么长出来的。

他拿起培养皿仔细观察。对着光亮，他发现一个奇怪的事情：青绿色的霉花和金黄色的葡萄球菌之间有一道奇怪的空白，泾渭分明，就好像两者不能相容似的。

 图 4-1　亚历山大·弗莱明。

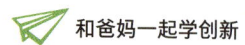

弗莱明一阵兴奋,他猜想是不是这坨霉花会产生某种物质,把与它直接接触的葡萄球菌杀死了?

他迫不及待地从培养皿中刮出一点霉菌,放在显微镜下仔细观察。

透过厚厚的镜片,弗莱明发现这坨霉菌是青霉菌。

弗莱明用培养液培养了更多的青霉菌,然后把培养液滴到金黄色葡萄球菌里。奇迹出现了,几个小时后,金黄色葡萄球菌全死了。

弗莱明继续实验,结果发现含有青霉菌的培养液还能杀死其他一些常见的致病菌,如白喉菌、炭疽菌、链球菌和肺炎球菌等。

1929年2月13日,弗莱明在《新英格兰医学杂志》上发表了《青霉素——它的实际应用》一文,向世界介绍了他的发现。

青霉素是人类发现的第一种抗生素。它的发现大大增强了人类抵抗细菌性感染的能力,开创了用抗生素治疗疾病的历史新纪元。1999年,著名的《时代》杂志将弗莱明评为20世纪100位最重要的人物之一,并对他的发现做了如下评价:

> 这是一个改变历史进程的发现。那个霉斑中的活性成分被弗莱明命名为青霉素,事实证明它是具有强大效力的抗感染剂。当它最终被确认为世界上最有效的挽救生命的药物时,青霉素永远改变了细菌感染的治疗方法。到20世纪中叶,弗莱明的发现催生了巨大的制药工业,制造出了合成青霉素,征服了一些人类最古老的祸害,包括梅毒、坏疽和结核病。

读到这里，亲爱的同学，你是不是觉得弗莱明真是个幸运儿？不收拾实验器皿就急着去度假那是偷懒啊！偷个懒，度个假，回来就成了伟大的科学家——命真好啊！

事实上，弗莱明比前面故事里描述的还要幸运，很多个碰巧居然凑到一块儿了。

弗莱明发现的这坨霉菌叫点青霉，非常罕见。后来的人猜想，这坨点青霉的孢子，很有可能来自圣玛丽医学院的真菌学实验室。孢子是一个生物学的术语，你可以把它简单理解为细菌的种子。弗莱明的幸运之处在于，竟然正好有点青霉的孢子从真菌实验室飘出来，飘到他的实验室，又正好落在敞开的金黄色葡萄球菌培养皿里。

你说这巧不巧？但还有更巧的。葡萄球菌是弗莱明在35摄氏度的温箱中培养出来的，而在这个温度下青霉却无法生长。青霉的最佳生长温度是20摄氏度左右，但碰巧的是弗莱明将养着葡萄球菌的器皿落在了实验桌上，没放回到温箱中就离开了。而之后伦敦的天气又恰好有几天特别凉爽，青霉才得以生长，而葡萄球菌在这个温度下则难以生长，这才给了青霉"壮大"的机会。然后气温又回升，葡萄球菌开始生长，但这时青霉已经产生了足够的青霉素来杀死周围的葡萄球菌了。

上面提到的环节只要有一个点不凑巧，弗莱明就发现不了青霉素。

实在是太幸运了！

但亲爱的同学，你有没有意识到，这一切的碰巧最终能够成为弗莱明发现青霉素的幸运，都源于他的一个举动：弗莱明拿起培养皿仔细观察了霉斑。

和爸妈一起学创新

回想一下我们自己的经历，相信大家可能都碰到过冰箱里食物长霉的情况，但你有没有想到过拿起来仔细观察一下呢？

至少涂老师和郦老师都没有想到过。

"啊呀，长霉了！真恶心！快扔了！"这是我们大多数人的反应。

弗莱明的器皿里养的是金黄色葡萄球菌，看到长霉，他的反应完全可以跟我们一样："糟糕，长霉了！不能用了！扔了吧！"如果扔了，前面一切的巧合就全部白白浪费了。

但弗莱明因为好奇心，拿起培养皿来仔细观察。这一小小的举动，改变了他自己的命运，也改变了人类历史。

可见，**要创新，好奇心和观察力必不可少。**

\2/ 这个诺贝尔医学奖为什么颁给了三个人？

青霉菌斑的事件之后，弗莱明千辛万苦提取了少量青霉素结晶，请求用于人体临床试验，却遭到了拒绝。

弗莱明提取的青霉素纯度很低，而他一直找不到改进的方法。一边是没人要，一边是很难提炼，万般无奈之下，弗莱明在1931年停止了青霉素的研究。

弗莱明虽然停止了研究，却没有放弃青霉素。他将那个培养皿上发现的青霉菌菌株一代代地培养，并于1938年将菌种提供给了准备系统研究青霉素的英国牛津大学病理学系主任霍华德·华特·弗洛里和旅英的德国生物化学家恩斯特·鲍里斯·钱恩。

经过一段时间的研究，弗洛里和钱恩改进了青霉素提纯的方法，并在1941年用于人体测试。紧接着，各大药厂开始加入了青霉素的研究和生产。到1944年，青霉素的供应已实现量产。

和爸妈一起学创新

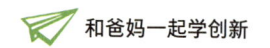

1945年,弗莱明、弗洛里和钱恩因"发现青霉素及其临床效用"而共同荣获了诺贝尔医学奖。

对于这一颁奖结果,很多人有不同看法。有人觉得弗洛里和钱恩读了弗莱明的论文,拿了弗莱明的菌种才获得了成功,他们得奖是占了弗莱明的便宜;也有人觉得弗莱明发现的确切地说还是青霉"菌",提炼的也就是一点点青霉素,而且纯度极低,根本没有应用于治疗病人的可能性,他得奖有点名不副实。

客观来说,弗莱明做的工作的确非常粗糙,但没有他的工作,人类发现抗生素的进程可能要晚很多年,这意味着会有成千上万的人失去生命。弗洛里和钱恩的工作的确是站在弗莱明的肩膀上开展的,但他们的工作让青霉素实现了临床应用和工业化量产,同样挽救了成千上万的生命。

简单概括,弗莱明完成的是突破性创新,弗洛里和钱恩完成的是渐进式创新,两者结合,才有了"世界上最有效的挽救生命的药物"的奇迹。三人共同得奖,其实是最合理的安排。

人类创新的历史,大多数时候都是这样由突破性创新和渐进式创新相互配合、共同创造的。

讲完了突破性创新和渐进式创新,我们再来讲讲颠覆式创新。突破性创新和渐进式创新侧重的是创新的过程:创新的过程是突破性的、渐进式的;颠覆式创新强调的是创新的结果:创新的结果是颠覆式的。

无论是突破性创新还是渐进式创新,如果产生了颠覆式的结果,那么它就是颠覆式创新。

\3/ 颠覆式创新：
意想不到的完全毁灭

颠覆式创新的概念最早是由哈佛大学教授克莱顿·克里斯坦森提出来的。这种创新以截然不同的价值赢得用户，使原有的技术或产品退出市场和历史舞台。

简单理解就是我们平常说的一句玩笑话：长江后浪推前浪，前浪死在沙滩上。

颠覆式创新和熊彼特提出的"创造性破坏"（也称"创造性毁灭"）密切相关。

创新作为一门学问，起源于约瑟夫·熊彼特。他也是创业学的开山鼻祖。熊彼特认为**创业和创新密不可分**。创业者会致力于创新来获得战略优势。这种创新可能是一种新产品，可能是一种新服务，可能是新的流程，也可能是其他创造价值的新的东西。在一段时间里，这可能是唯一的创新。换句话说，在这段时间里，只有这个创新者有能力生产这种新产品，或者提供这种新服务，或者从事这种新流程，独门生意，仅此一家，创新者（同时也是创业者）因此可能会大赚一笔，熊彼特称之为获取"垄断利润"。

和爸妈一起学创新

与此同时,其他人会因为眼红这个"垄断利润"而试着去模仿或者超越,这就导致其他创新的出现。新的创新取代老的创新,享有新的"垄断利润"。这时,原先的创新者或者其他人又会因为眼红新创新带来的"垄断利润",而去寻找下一个能够改写规则的创新。如此不断往复,以致无穷。创新的这种新陈代谢过程被熊彼特称之为"创造性破坏"。

熊彼特提出的"创造性破坏"的过程可快可慢,原来的创新者可能被新的创新者破坏全部,也可能被破坏一部分。而克里斯坦森的颠覆式创新描绘了"创造性破坏"的一个特例:**意想不到的完全毁灭。**

在面临破坏性技术变革时,大型成功企业的管理者应该如何应对市场规模与企业增长率这些现实问题呢?在对这一问题的研究过程中,我发现了3种应对之策:

1. 试图改变新兴市场的增长率,使这个市场变得规模足够大,发展足够迅猛,能对大型企业的利润和收入增长轨道产生足够的影响;

2. 等到市场已经出现,并且市场定位变得更加清晰,然后在市场"发展到一定规模"后再进入;

3. 将对破坏性技术进行商业化推广的职责交给规模足够小的机构,而且这些机构的表现从一开始就会受到破坏性业务的收入、利润和少量订单的重大影响。

——摘自《创新者的窘境》

\4/ 突然消失的诺基亚手机

现在大家都知道苹果公司，但可能没有听说过诺基亚公司。

如果时间回到 2000 年，诺基亚公司可是世界上最有名的公司之一呢。

诺基亚成立于 1865 年，在公司成立后的 100 多年时间内，都只是一家不温不火的地区性公司，做的生意也是变来变去，从最初的木材、造纸生意转到橡胶生意，又转到电子领域。自 20 世纪 60 年代起，开始生产电线、电视机等产品，畅销芬兰和东欧国家。

20 世纪 80 年代末 90 年代初，由于苏联解体和东欧剧变，诺基亚一下子失去一半以上市场，公司出现亏损。为了摆脱经营困境，当时的公司股东试图把诺基亚卖给瑞典的爱立信公司，却被爱立信拒绝了，理由是诺基亚经营状况太烂，爱立信不想背包袱。

万般无奈之下，诺基亚决定孤注一掷，卖掉了电线、电视机等产品线，专注于当时全新的 GSM 移动通信技术。

GSM 全称是 Global System for Mobile Communications，中文为全球移动通信技术，属于 2G。"1G""2G"是专业术语。G 是英文 generation 的

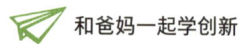

缩写，意思是"代"。2G 就是指第 2 代移动技术，而我们现在在新闻中常看到的 5G、6G 指的分别是第 5 代、第 6 代移动通信技术。

1992 年，诺基亚推出了全球第一款 GSM 手机，根据发布日期 11 月 10 日，命名为诺基亚 1011（见图 4-2）。

同年，诺基亚与沃达丰签署了世界上第一个网络漫游协议。这是我们现在熟知的手机"国际漫游"功能的起点，第一次让手机使用打破了地域限制。

 图 4-2　诺基亚 1011 手机，全世界第一款量产的 GSM 手机。

随着 GSM 逐步成为世界上最主要的 2G 标准，诺基亚作为这种技术的发明者和主要推动者，开始登上手机王者的宝座。

在接下来的几年中，诺基亚势不可当，从 1997 年起，连续 14 年蝉联全球手机销售冠军,这个纪录至今无人可以打破。

诺基亚的发展也带动了整个芬兰的发展。到 2000 年,诺基亚的销售额占芬兰 GDP 的 4%,全部出口总额的 21%,全部企业税收的 14%。在其巅峰的 2006 年,诺基亚占据了全球手机 41% 的市场份额。换句话说,当时全世界每五个用手机的人中,就有两个人用的是诺基亚手机。

一切看起来是那么美好,直到有一家电脑公司决定推出一款新的手机。

这家公司就是乔布斯领导的苹果公司。

2007 年 1 月 9 日,苹果公司推出了第一代 iPhone,智能手机时代正式宣告到来。一夜之间,曾经对诺基亚产品趋之若鹜的消费者,开始在苹果商店的门前排起了长队。

一波未平,一波又起。没过多久,半路又突然杀出另外一个程咬金,一家原来不做任何手机业务的互联网公司突然加入战局。这家互联网公司叫谷歌。

2008 年年底,谷歌开发了我们现在熟知的安卓手机操作系统,并免费开放给手机制造商使用。在免费和性能优越的双重诱惑下,就连曾经和诺基亚一同投资开发其主导的塞班手机操作系统的合作伙伴,也一个个宣布放弃塞班,转投安卓。

诺基亚两面受敌,处境开始日益艰难。

2011 年第二季度,诺基亚全球手机销售第一的地位被苹果公司和韩国三星公司双双超越。智能手机 iPhone 和安卓手机二分天下的时代正式

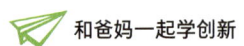

来临。

而诺基亚因行动缓慢，进一步被消费者抛弃。

危难面前，诺基亚决定再次孤注一掷。但和第一次孤注一掷、全力研发 GSM 技术不一样，诺基亚这次将自己的命运交到了别人手上。

诺基亚宣布放弃开发多年却表现平平的塞班操作系统，转而投入微软公司的 Windows Phone 操作系统。

微软公司是电脑操作系统的巨头。诺基亚希望通过与微软的合作，打造 iPhone、安卓手机和诺基亚 Windows 手机三足鼎立的局面。

然而从本质上讲，Windows Phone 系统并不是大的创新，微软只不过把它从电脑上挪到了手机上，但它在手机上的性能表现全面落后于当时的苹果和安卓操作系统。诺基亚押宝 Windows Phone 的战略彻底失败，诺基亚市场占有率断崖式下跌。

2014 年 4 月 25 日，举步维艰的诺基亚宣布向微软出售手机业务。2014 年 10 月 22 日，微软正式宣布将诺基亚手机品牌改为"Microsoft Lumia"，诺基亚手机品牌成为历史。

2G 时代的王者诺基亚自此谢幕。

5 为什么随身听和数码相机越来越少见？

诺基亚因为在 2G 领域的创新而兴，又因为疏于在下一代技术上创新而败，前后不过 22 年的时间。

它的成功和失败与颠覆式创新密切相关。正所谓成也萧何，败也萧何。

20 世纪 90 年代初，还是有线电话一统天下的时代，对有线电话来说，手机是颠覆式创新，所以诺基亚登上了手机市场的王者宝座。

但相对于诺基亚手机，iPhone 是颠覆式创新，所以苹果登上了智能手机市场的王者宝座。诺基亚在 90 年代引以为傲的创新，到今天只能在少数老人用的老人手机上还能看到其身影。

iPhone 不仅颠覆了以诺基亚为代表的老式手机，还颠覆了其他在 21 世纪初非常流行的两样东西。

第一样东西是便携式音乐播放器。这个我们不用过多解释。在第 1 章，我们讲到 iPhone 本身是乔布斯自我颠覆 iPod 而推出的创新产品。

另外一样东西是数码相机。数码相机本身也曾是颠覆式创新。数码相机出现之前，相机拍照靠胶片曝光成像。把曝光的胶片冲洗出来就成

和爸妈一起学创新

了照片。数码相机出现后，胶片成了多余，这让垄断了胶片市场100多年的柯达公司破了产。

但数码相机颠覆胶片还没几年，乔布斯就把数码相机级别的照相功能装进了iPhone。既然手机能拍出和数码相机一样的照片，干吗还要单独买个数码相机呢？数码相机又很快被普通大众抛弃，成为少数摄影发烧友的小众商品。

21世纪初，时髦的人出去旅游会带三样东西：第一样是手机，以便随时与家人联系；第二样是数码相机，用于拍照；第三样，随身听，也就是便携式音乐播放器。

第 4 章 从 0 到 1：突破性创新和颠覆式创新

今天，你出门只要带个智能手机就行了。想打电话打电话，想拍照拍照，想听音乐听音乐。这一切都是因为乔布斯领导的颠覆式创新。

所以**创新就是一个不断颠覆和被颠覆的过程。**

未来有一天，iPhone 也一定会被别的更好的创新所颠覆。做出这个颠覆式创新的人会不会是你呢？

相信很多人都想成为乔布斯这样的颠覆者，那么究竟如何才能找到这样的机会呢？

\ 6 / 利用好你的不满和怒气

2004年3月,苹果公司申请了一个编号为D504889的专利。专利的标题为"电子设备"。这个专利一共随附了9张图。在附图9里,一个男人用左手拿着一块平板,右手正用食指在触摸屏上比画着(见图4-3)。这正是我们大家熟知的iPad的最初设计。

 图4-3 苹果公司专利申请表中附的一张草图。

第 4 章　从 0 到 1：突破性创新和颠覆式创新

iPad 也是一项颠覆式的创新成果，它奠定了我们现在熟知的平板电脑的设计基础。而它的诞生跟乔布斯的一次发脾气有关。

2000 年，乔布斯和妻子一起去妻子好友家参加生日宴会。这位好友的丈夫是微软平板电脑设计团队的成员之一，当天过 50 岁生日。在宴会上，寿星佬向乔布斯夸耀微软的平板电脑有多么多么出色，说微软将如何用平板电脑改变世界。乔布斯不胜其烦，觉得他提到的附带键盘和触控笔的设计蠢透了，却又不好发作。

憋了一肚子火的乔布斯回到家后，当即发誓："我要让那个家伙看看什么叫真正的平板电脑。"

说干就干。第二天上班后，乔布斯立马召集设计团队，要求他们设

125

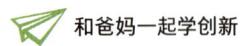 和爸妈一起学创新

计一款不要键盘和触控笔的平板电脑。

iPad 因此诞生。

2010 年 9 月 8 日，iPad 发布半年多，《福布斯》杂志的作者和编辑迈克尔·内尔分享了一个故事。这篇名为《马厩男孩和 iPad》的短文至今还在福布斯的网站上。

内尔当时住在哥伦比亚波哥大以北 60 千米处的一个奶牛场，正用自己的 iPad 读小说。一个在马厩工作的男孩走过来，一双眼睛紧紧盯着内尔手中的 iPad，很好奇。男孩不到 6 岁，看样子从来没有用过电脑或者手机。内尔把 iPad 递给了男孩。在完全没有任何指导的情况下，男孩立刻就开始用手指四处滑动，打开和关闭应用程序，玩内尔下载的弹球游戏。

"史蒂夫·乔布斯设计了一款功能强大的计算机，连没上过学的 6 岁小孩都可以在没有指导的情况下使用。"内尔写道，"如果这还不算神奇，那我就不知道还有什么东西称得上神奇了。"

在日常生活中，我们也经常会碰到让人感到不满的东西或者事情，但大多数人发个火，抱怨一下也就过去了，想做点什么的人并不多。乔布斯的故事告诉我们，如果下次你看到一件东西，你觉得蠢透了，如果你觉得不满，如果你觉得很生气，你要做的就是：**做件更好的东西颠覆它**。

创新很多时候来自创新者的不满。所以，当我们对身边的东西不满意的时候，越不满你越要注意，这可能是一个颠覆式创新的机会来了，你要利用好你的不满和怒气。

\7/ 不同凡响（Think different）

在刚刚回归苹果的时候，乔布斯推出了一个以"不同凡响"（Think different）为主题的广告。其中的一个版本由乔布斯亲自配音：

致疯狂的人：

他们特立独行。他们桀骜不驯。他们惹是生非。他们格格不入。他们用与众不同的眼光看待事物。他们不喜欢墨守成规。他们也不愿意安于现状。你可以认同他们，反对他们，颂扬或是诋毁他们，但唯独不能漠视他们。因为他们改变了寻常事物。他们推动人类向前迈进。或许他们是别人眼里的疯子，但他们却是我们眼中的天才。因为只有那些疯狂到以为自己能够改变世界的人，才能真正改变世界。

为了让你更好地理解这段话的精髓，我们把英语原文也放在这里，以供你细细品味：

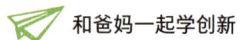
和爸妈一起学创新

Here's to the crazy ones. The misfits. The rebels. The troublemakers. The round pegs in the square holes. The ones who see things differently. They're not fond of rules. And they have no respect for the status quo. You can quote them, disagree with them, glorify or vilify them. But the only thing you can't do is ignore them. Because they change things. They push the human race forward. While some may see them as the crazy ones, we see genius. Because the people who are crazy enough to think they can change the world, are the ones who do.

在《和爸妈一起学创业》里，我们讲了马斯克的故事。我们提到马斯克在很小的时候就有一个疯狂的梦想，他想把人类送到火星上去，把火星建设成地球人新的栖居生活之地。因为这个梦想，他成立了太空探索公司，对火箭进行了一系列的创新。今天，太空探索公司制造的火箭和飞船已经把宇航员送上了国际太空站。

在本书第2章，我们讲到佩奇决定把整个互联网下载下来。

只有那些疯狂到以为自己能够改变世界的人，才能真正改变世界。

最后，我们把这一章讲到过的创新者特质继续加到这一张表里。

第4章 从0到1：突破性创新和颠覆式创新

创新者的特质

个人品质	思维方法	行为习惯
● 勤奋 ● 有勇气面对舆论的压力 ● 不怕和别人不一样 ● 特立独行 ● 不怕失败 ● 关注细节，追求完美 ● 善于学习、借鉴 ● 充满好奇心 ● 敢想敢做	● 善于联想 ● 分类 ● 列表对比 ● 双向思维 ● 逆向思维 ● 归纳组合 ● 更相信数据和逻辑推理，而不是感觉 ● 及时发现异常事件 ● 创新要和商业相结合 ● 用发展的眼光看待创新 ● 注意周围令你不满的东西，因为这是创新的机会	● 用心观察 ● 随时记录，马上记录，系统记录，经常温习自己的记录 ● 喜欢拆东西、装东西、做实验 ● 善于与人合作

和爸妈一起学创新

画重点

- ☑ 要创新，好奇心和观察力必不可少。
- ☑ 人类创新的历史，大多数时候都是这样由突破性创新和渐进式创新相互配合、共同创造的。
- ☑ 颠覆式创新以截然不同的价值赢得用户，使原有的技术或产品退出市场和历史舞台。
- ☑ 创新就是一个不断颠覆和被颠覆的过程。
- ☑ 如果你看到一件东西觉得不满，你要做的就是：做件更好的东西颠覆它。
- ☑ 只有那些疯狂到以为自己能够改变世界的人，才能真正改变世界。

第5章

教育不是培养优秀的绵羊：
创新的文化和环境

1 领导没有独立办公室，会对工作更有利

2018年11月，涂老师慕名参观麻省理工学院的媒体实验室，这是个非常有名的大学创新机构。

这里每年都会产生大量的"黑科技"，比如悬浮于空中的立体影像、会交谈的计算机、可以编程的乐高积木……

世界上绝大部分实验室都有研究方向，可是这个实验室没有。在这里，激情和兴趣决定了你的研究方向。外界因此戏称，媒体实验室只收疯子和天才。

介绍人告诉涂老师一行，在这个实验室里的研究人员，大部分人的专业都不一样，有的人做软件，有的人做硬件，有人是艺术家，有人是数据科学家，有人搞人力资源管理，还有人的专业是工业设计，他们来自世界各地。

看到这里，哪怕你从未听说过这个实验室，也大体上知道了这个实验室有多另类，这些不同的人聚在一起讨论的时候，想不碰撞出点火花都难。

这很容易理解，若是同一个领域的人，想的问题常常相同，若是不同领域的人，每个人的视角和思路都不一样，一交错，就容易产生新的创意火花。

涂老师和郦老师在美国生活的时间加一起有20多年。美国之所以是创新大国，很大原因就是这里有许许多多来自不同国家、不同文化背景的人，美国，特别是硅谷把他们糅在了一起，创新的火花就容易产生出来。

有人把这种现象称为"美第奇效应"，美第奇是指威尼斯的美第奇家族，这个家族通过经营银行赚了很多钱，家族成员又很热爱艺术，于是他们花钱邀请了众多领域的杰出人物来到了佛罗伦萨，其中有雕塑家、科学家、诗人、数学家，还有哲学家、画家和建筑家。美第奇家族用金钱赞助米开朗基罗、达·芬奇、拉斐尔等等名流巨匠开展各种活动，这些人集结在一起，产生了一次创造力的大爆发，促成了文艺复兴，成就了人类历史上最具创新力的时代之一。

涂老师还去过乔布斯时代的苹果公司，参观过它的中心主楼，那里的办公室、咖啡机、厨房、洗手间在走廊中的位置都经过精心设计，只要你从一个房间进入走廊，无论是去倒咖啡，还是上洗手间，很容易碰到其他房间出来的人，碰上了少不了就得寒暄几句，这种设计就是要让你多交流、多聊天。

更早的时候，乔布斯在为那个动画公司皮克斯设计总部大楼的时候，他非常执迷于大楼中的庭院结构和安排，就是希望通过建筑结构的设计，来促进员工之间的偶然相遇和计划外合作。乔布斯甚至为洗手间的位置和公司管理层发生争执,他说:"如果一栋大楼没有这样的功能,你就会失去很多由于偶遇而产生的创意和奇想,我们设计这栋大楼的目的是希望员工们走出办公室,多到中央中庭来走走,这样他们会遇到一些平时见不到的人。"

后来一名高管回忆说:"他的理论从第一天就奏效了,我接连遇见一些以前几个月都没碰见的人,我还从来没见过哪座大楼的设计能如此鼓励合作,激发创意。"

第5章 教育不是培养优秀的绵羊：创新的文化和环境

皮克斯总部大楼的楼址曾是一家罐头厂，占地15英亩，毗邻旧金山的港湾桥，整座建筑里里外外都是由史蒂夫·乔布斯本人设计的。（这栋建筑的名字就叫作乔布斯大厦。）大厦中的进出口设置都经过了深思熟虑的规划，方便人们交流碰面，鼓励大家打成一片。大厦之外有一个足球场、一个排球场、一个游泳池以及一座可容纳600人的半圆形广场。人们偶尔会对这座大楼心存误解，认为皮克斯只是在肤浅地摆阔。但这些人并没有看到，这座大厦四通八达的构造并非在炫耀奢华，而是在表达一种对交流的追求。乔布斯希望鼓励大家多多合作，从而提升大家的工作能力。

皮克斯给在这里工作的动画师们自由，让大家随心所欲地打造自己的办公空间，或者可以这样说，皮克斯是在鼓动大家这样做。办公时，动画师们可以躲在挂着迷你枝形吊灯的粉红色玩偶之家里，待在用真正的竹子搭成的热带茅屋内，或是干脆宅在自己的城堡中，而城堡那30多厘米高的塑料泡沫塔楼，经过细心雕画后，看上去真好似是用石头砌成的。每年，公司都会举办各种活动。"皮克斯摇滚大战"期间，我们会在楼前的草坪上搭建舞台，让工作人员组成的摇滚乐队在台上各显神通、一争高下。

——摘自《创新公司：皮克斯的启示》

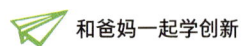
和爸妈一起学创新

在硅谷，很多公司的建筑物占地面积都很大，楼层很少，这样一来，在同一个平面层办公的人很容易碰上，碰上就能聊起天来。这个传统可以一直追溯到发明晶体管的贝尔实验室。

硅谷另外一个传统就是不为领导设专门的办公室。这个传统来源于1968年成立的英特尔公司，这家公司发明了电脑的微处理器，随着英特尔的崛起，它所在的圣克拉拉谷地区，聚集了越来越多的高科技公司，因为英特尔制造芯片的原材料是"硅"，所以这个地区就被叫作"硅谷"。

英特尔也为硅谷奠定了科技公司的文化。当年英特尔成立的时候，就决定不为公司领导设立单独的办公室，所有的公司领导都在大厅的小隔间里办公，他们也没有专用的停车位。有一位记者后来在报道当中记录了他到英特尔采访的经历："我找不到 CEO，秘书见状不得不过来带我去 CEO 的工位，在这个巨大的办公区里，他的工位看起来和其他人没有任何区别。"

这样混合办公有什么好处呢？英特尔的理念是，员工不需要一层一层地向领导汇报，如果你想和某位管理者交谈，直接过去跟他说就好了，他们相信工作空间越开放、松散、随意，新创意的产生、传播和应用的速度就越快。

英特尔的这种创新文化深刻地影响了硅谷许许多多的科技公司。在脸书，创始人扎克伯格也是在大厅一张普通的桌子上办公，没有自己独立的办公室。涂老师在硅谷工作的时候，曾经带领国内的代表团去硅谷的这些公司参观，并问同行的七八个来自中国的总裁，这种模式是否可以推行到中国呢？大家面面相觑，都露出不置可否的表情。

第 5 章 教育不是培养优秀的绵羊：创新的文化和环境

2 学会提问，培养批判性思维

2019年8月1日，在上海世博会博物馆，中国的企业家宋志平和以色列爱因斯坦博物馆馆长古德菲瑞德进行了一场对话。宋志平先生领导过两家世界500强的企业——中国医药和中国建材，经验丰富，两个人围绕中以两国如何互相学习借鉴创新展开讨论，宋志平谈到了这样一些亲身经历和感受：

"其实我们中华民族也是一个有创新意识的民族，我们中国人会写神话小说，比如《西游记》里，孙悟空说'变、变、变'，宝贝就出来了，这些东西都是无中生有的，吴承恩丰富的想象，这就是创新的根源。首先有了想象有了创意，再看看现实当中怎么做到，中华民族是富有想象力的民族，我们和以色列犹太人都有创新文化，都有5000年的历史，但我们有哪些不同的地方呢？这也是我想问的问题。

"我觉得不同的地方在于质疑精神，即能不能提问题，比如我们从小对小孩子的教育就有不同，我有两个小外孙，我问他们比较多的是'在班级里排在前几名'，因为不知道孩子的学习状况。但以色列家长问孩子

第 5 章 教育不是培养优秀的绵羊：创新的文化和环境

比较多的是'今天向老师提了几个问题，难倒了老师没有'。我们的出发点不同，中国的家长给孩子最多的建议是少说话、不说错话，教育孩子哪些话能说、哪些话不能说；而以色列学生可以称呼老师的外号，可以平等地提问题，他们是开放型的思维。如果要创新创业，思想不活跃又怎么能做到呢？我也经常在思考，这可能是我们文化最底层的东西，也是我们的教育方式需要改进的地方。我们中华民族是很有智慧的民族，也是很有忍耐力的民族，绵延 5000 年屹立在世界东方，以色列也是很了不起的民族，他们流浪了 1800 年，居然在以色列能重新复国，这也很了不起。

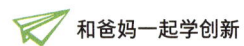 和爸妈一起学创新

"我们在创新创业的时候，可以学习以色列鼓励提问、提倡质疑的精神。"

亲爱的同学，宋志平先生的话有没有触动你的心弦呢？

读到这里，你可能已经得出了一个结论，那就是：**创新虽然是创新者个体的行为，但任何创新的行为都不是凭空产生的，创新者需要一个好的、合适的环境，就像种子需要土壤一样**。这个环境不仅是物理层面的，还有软环境，即文化环境。那问题来了，究竟什么样的文化才能够激发鼓励创新呢？为什么有的国家和地区拥有很多的创新者，但有的国家和地区长期以来创新匮乏，创新者寥寥无几，只能跟在别人的屁股后面，学习、模仿、吸收别人的创新呢？

宋志平先生的这段话曾经引起过我们的深深思考。涂老师和郦老师也是在中国长大的孩子，曾经无数次回答过"这次考试第几名"之类的问题。从小到大，我们身边确实有很多长辈、亲朋和师长用各种各样的方式教过我们，或者说"启发"过我们，哪些话能说，哪些话不能说，哪些问题能问，哪些问题不能问。

也不知道从什么时候开始，我们就学会了提醒自己：不要问简单的问题，不要问傻问题！很多时候不提问，就是担心自己问出问题反而出丑，被别人笑话。从一上学开始，我们就不想在同学和老师眼中显得很傻，我们以为如果我们保持安静，少说话，就不会犯错，就不会显得自己傻，可最后的结果就是不提问题，提不出问题。

郦老师在卡内基梅隆大学读书的时候，曾经碰到过一个同学，特别

爱问问题。只要是她不明白的，她就会问，根本不在意别人是怎么想的。有时候她问的问题简单得让人在边上都替她感到害臊。在很长一段时间内，郦老师都觉得她不是很聪明。直到有一天，郦老师坐在她旁边，看见她的笔记本，才被惊到了。她的本子上用各种颜色的笔密密麻麻地记录着各式各样的信息。比方说她把和郦老师课间聊天问的问题总结成一句话，用蓝色的笔写下："中国人不像美国人那样普遍吃芝士。"紧接着这句话，下面是一个红色的数学公式。她解释说："这个本子记录我提问得到的新知识。我每天在睡前会看一遍，这样就会每天知道一些原来不知道的事情。"郦老师很敬佩也很好奇："你每天复习，是要记住这些知识？""我并不全部记得，万一忘记，我下次还会再问。"

这位女同学后来被麻省理工学院的博士项目录取了。

\3/ 为什么需要自由的提问？

为什么我们越长大，越少提问呢？

说起来，很大的原因也不在某一个人，而在整个社会环境。几乎每个人在童年的时候，都曾经用连珠炮一样的方式向父母提问题：花为什么是红的？海为什么是蓝的？天上为什么会下雨？很多时候父母被问烦了，懒得回答，或者回答不上来，于是就开始阻止孩子发问："你哪来的那么多为什么？"到了学校，孩子发现老师也没有时间来回答他的问题，教室里那么多同学，老师还要按照课程大纲完成教学内容，时间根本不够用。于是，无形之中，现实开始压制我们的好奇心，我们不知不觉中就学会了闭嘴，慢慢开始接受身边一切存在的事物和现况，不再提问。

第二个原因，是我们被好面子的习惯给耽误了。一个人经常提问，被提问的人会觉得你在跟他唱反调，质疑他的想法，不尊重他。在涂老师工作过的公司，他曾经问过很多人不问问题的原因，大部分人都承认，他们认为不提问、不质疑，就可以减少和同事发生冲突的风险，大多数人选择不轻易发表自己的观点和看法，沉默是金，不争不吵，以和为贵。

第 5 章 教育不是培养优秀的绵羊：创新的文化和环境

但是，有创新精神的人不是这样的。还记得爱迪生吗？他读小学一年级的时候，有一天老师在课堂上讲数学，在黑板上写下"2+2=4"，爱迪生举手提问说为什么 2+2 就等于 4，全班同学哄堂大笑，很多人认为他是一个蠢蛋。你可能还听过一个故事，有一天，6 岁的爱迪生看见母鸡一动不动蹲在鸡蛋上，问这是为什么，母亲告诉他，这是母鸡在用自己的体温孵小鸡。第二天爱迪生突然不见了，大人们东找西找，到吃晚饭时发现他趴在一个草垛里，怀里正抱着几个鸡蛋，问他在干什么，他说在孵小鸡，他的母亲笑得眼泪都流了出来。

爱提问的爱迪生一生都在质疑常识，他不怕别人笑话。以色列只有几百万人口，还不如中国一个大城市人口多，却是全球创新的一个重要策源地。我们觉得宋志平先生说得有道理，这一定和他们酷爱提问有

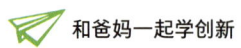 和爸妈一起学创新

关系。

创新者要敢于提问,既敢于质疑常识,还敢于质疑权威。我们前面已经讨论过,一方面,这需要创新者自己具备勇气和自信,另一方面,我们也期待我们的文化氛围,即家人、好友、老师等等身边的人能像以色列人一样相信提问的价值,鼓励平等提问。

只要努力坚持下面的态度,你的批判性思维自会长足进步:

1. 保持好奇心。对你遇到的每一个现象,都去寻找原因和答案。

2. 虚怀若谷。尊重其他观点和看法。

3. 灵活宽容。时刻准备在有力的论据面前改变观点。

4. 敢于质疑。在接受断言和观点之前要求得到证明。

——摘自《学会提问》

\ 4 / 不要做"优秀的绵羊"

很多人都会羡慕那些学习成绩好的同学，特别是一些不用怎么用功，考试就能考得很好的"神童"。你在学习他在睡觉，你在埋头苦读他在打球娱乐，你晕头转向他却轻松自如，悠闲自在。

他的人生仿佛开了外挂一样，学得比你轻松，成绩还总能压你一头。

这样的同学无疑很聪明，但我们要告诉你的是，研究人员已经追踪了很多神童的一生，他们发现，那些小时候仅仅是学习成绩好、考试分数高的神童，长大之后取得的成就，为社会做出的贡献，并不会超过普通的人，更别提成为创新者，为社会做出巨大的贡献了。

为什么会这样呢？

原因很多，其中一个最重要的原因是，他们之所以学习好，考试好，是想赢得父母的赞许和老师的表扬，这种"动力机制"很快让他们意识到，要做老师的宠儿，就要把一些独立创新的想法压在心底，甚至放弃。换句话说，**渴望这样的"优秀"和"成功"，无形之中会阻碍一个人创新的意识和能力**。一旦这样的想法占了上风，创新精神就会被排挤出去，你越看重"优秀",可能考试考得更好,但离创新精神就越远,结果是考试分数越来越高,但创造力却越来越弱。

等走上工作岗位,他们会按照读书时的习惯把自己的本职工作做好,但他们不太可能去质疑现存的规则,也不愿、不敢去打破现状,最终沦于平庸。他们是世界上最优秀的绵羊,有了他们,世界得以平稳地运行,但如果大家都是绵羊,世界只会在原来的轨道上反复运转,这也意味着止步不前。

绵羊当然有绵羊的价值,世界需要绵羊,但亲爱的同学,我们更希望你成为创新者。

\5/ 为什么在互联网公司，大家都给自己起个花名？

宋志平先生还提到以色列作为人口和地理的小国，却是创新大国，其中一个他观察到的原因是：学生和孩子"可以平等地提问题"。请注意"平等"这个词。

1999年12月22日，大韩航空发生了一起令人扼腕叹息的空难。

大韩航空是韩国最大的航空公司，发生空难的是8509号航班。这是一架波音747货机，飞机是在夜间起飞的。起飞后不久，就爬升至近1000米的高空，谁也没有想到，55秒之后，它突然间倾斜着机体呼啸着朝地面撞去，一声巨响，它在伦敦郊外的地面爆炸，4名机组人员无一生还。

在这架飞机上，57岁的机长朴得圭是驾驶舱中的绝对权威，他是一名退伍军人，飞行经验达数千小时，33岁的副驾驶尹基植是一名新手，此外飞机上还有一名飞行工程师和一名机械维修技师。

事故调查小组后来通过飞机上的黑匣子还原了飞机坠毁的原因。起飞时，机长朴得圭的仪表指示盘发生了故障，显示飞机的侧倾角度不超过 2 度，实际情况却是飞机的倾斜角度可能达到了 90 度！但副机长尹基植的指示盘并没有故障，他清楚地看到了这个参数的准确值，按道理，他当时应该立即指出问题，提醒机长，但在整个 55 秒的过程中，尹基植完全没有说话，只听到飞行工程师发出了两声警告，但机长也好像没有听见一样，根本没回答。最奇怪的是，在最后飞机处于失控的危急关头，副机长还是一直保持沉默。这本来是可以完全避免的危险，但驾驶舱中无人采取积极行动，任由机长错误操纵，眼睁睁看着飞机坠毁。

研究人员对黑匣子中的所有对话进行了分析，并请来懂韩文的专业人员研究了录音当中的对话口气，分析语言背后更深层的含义。

真实的事故原因慢慢浮出水面。由于机场的原因，那天晚上的起飞延误了一个小时，不能准时起飞，机长朴得圭心中十分不高兴。他登机之后显得很急躁，对副机长说话的口气也显得非常严厉，而副机长尹基植则非常卑微，不敢回应，在强势的机长面前，他选择了保持缄默。

糟糕的是，夜间起飞，指示器又显示错误，在缺乏目视参照物的情况下，这位机长没有察觉到他的操作已经造成了风险，尹基植应该是清楚地意识到了问题，但在当时的气氛下，他宁愿选择冒险，也不愿意和机长发生正面冲突，最终导致了悲剧。

几个世纪以来，韩国受传统文化的影响，形成了森严的等级制度。这也是大韩航空公司的主流文化，因为严格的等级制度，机组成员之间的沟通长期不畅。这一次 8509 号航班的坠毁，让大韩航空公司开始了反思，进行驾驶舱文化的改革。

第 5 章 教育不是培养优秀的绵羊：创新的文化和环境

和韩国一样，历史上的中国也深受传统文化的影响，有着严格的等级制度，大家普遍崇拜权威，不提倡自由的提问和平等的质疑。

世界著名的咨询公司埃森哲曾经发布过一个名为《平等＝创新》的专门研究报告。他们认为，工作场所的平等文化，是创新和增长的强大动力。他们的研究发现，拥有强大平等文化的企业，其员工的创新意愿和创新能力，比没有平等文化的公司高出近 5 倍。

在阿里巴巴，每个员工都有一个"花名"，这个花名也可以理解为别名、绰号，涂老师在阿里工作的时候花名叫"沛公"，至今涂老师的老同事见到他，还叫他沛公。

和爸妈一起学创新

为什么每个人需要起一个花名呢？其中有一个原因与创新有关。中国人在公司的称呼，一般喜欢叫×总、×主任、×局长，没有职务的，年龄大、资历深的就称呼老李，年纪轻、职位低的就叫小刘，类似于小刘、老李这样的称呼很普遍，这样的称呼时时刻刻都在提醒你注意自己的身份。

称呼的变迁

很显然，严格按照传统的上下级关系来称呼，组织活力和创新能力会受到影响，不适宜营造平等的氛围。但也有人说，如果大家都直呼名字，不叫这个长、那个总的，时间久了，下属就会忘了你是领导，你说的话就不管用了，公司就没有执行力。为规避我们的传统带来的两难境地，有些公司主张给每个人取一个英文名，大家彼此称呼英文名，阿里给每个人取一个中文花名，当然是一个更好的解决办法。

从近百年的历史看，颠覆式创新基本没有发生在东方国家。日本、韩国、中国在创新领域的相继崛起，走的是精益创新的道路，即把一件事情做精做细，超出竞争对手。中国未来非常需要颠覆式创新，这就意味着需要在文化上做出变革，但这是一件任重道远的工作，革自己的命，下起刀来难免顾虑重重。可是不革，问题更多。亲爱的同学，这件事靠涂老师和郦老师这一代人的努力肯定还不够，需要你们长大之后，接过棒子，继续努力。

\6/ "你竟然失败过三次，这么棒！"

那么创新优等生——硅谷有哪些特别之处呢？

很多人研究硅谷之后达成了一点共识，就是硅谷拥有极大的包容性，这种包容不仅体现在它能理解各种生活方式，还在于它会给出更多尝试的机会，即宽容失败。失败在那里不会被嘲笑，而是被谅解，甚至被重视、被尊重，在硅谷，**失败不叫失败，叫作"正走在成功的路上"**。

在硅谷你告诉别人你失败了三次，他们的反应会是什么？

"哇，你竟然失败过三次，这么棒！"

但在世界很多地方，一次失败对创新者来说可能是致命的，他们不仅会大丢面子，要承担责任和损失，甚至连活都活不下去，整个社会没有他们的立足之地，所以他们只能"毕其功于一役""不成功便成仁"。从古到今，不乏这样的例子和悲剧。

我们下面要说的是一个天气预言家，因为在天气预报上的创新受到了攻击，以至于精神崩溃，丢了性命。

天气预报，在今天看来再平常不过了。我们出门都会先查一查天气

第 5 章 教育不是培养优秀的绵羊：创新的文化和环境

预报，如果预报有雨就要带上伞。但在 19 世纪以前，如果有人说他可以预测天气的变化，那就是天方夜谭，会引来一阵哄堂大笑。当时那还是一个人类知识远远无法企及的领域，长期以来，人们认为刮风下雨完全是上帝的旨意，雷电、暴雨、冰雹、台风、海啸、飓风……这些极端的天气令人恐惧，一场海啸可能夺去海边数万人的生命，人类对此根本束手无策。诸葛亮草船借箭，也只敢说借东风，不敢说自己就能预测什么时候起风、什么时候下雨。

在 19 世纪 30 年代，美国人莫尔斯发明了电报，这突然让天气预报有一点可能了。因为在此之前，人类传输信息的速度就是一匹马奔跑的

和爸妈一起学创新

速度。古代中国遍布全国的驿站就是一张信息网，为了让信息传递得更快一点，人们只能不停地在驿站换马，快马加鞭，有些马跑着跑着，就累死在路上。1812年，美英战争结束后，双方的主将已经握手言和，举行了签约仪式，但两周之后新奥尔良那头的战士还一直在厮杀，因为消息传递到那里需要时间。当然，有更快的，比如"烽火戏诸侯"中的烽火，可是一把火能传递的信息量又实在太有限了。

电报发明之后，信息跑得就不知要比马快多少倍了！人们发现，很多恶劣的天气就像风一样，会从一个地方吹到另一个地方，例如一场风暴在英国的西部港口登陆后，可能会继续行进到中部和东部，但它需要时间，这就给预报提供了可能。借助电报，中部和东部地区就可以提前预知风暴可能会刮过来。

当时伦敦有一个非常知名的气象专家，就利用了这个思路。他叫菲茨罗伊（1805—1865），曾经是一名海军将领，因为海上航行的经历，他痴迷于对天气的研究，在退役之后获得了当地政府的支持，利用电报的网络搜集欧洲各地的天气数据，并建立了一个恶劣天气预警系统。他每天在报纸上公布他预测的各地天气，这是全球第一份官方天气预报，"天气预报"这一气象专用术语也是菲茨罗伊创造的。

要说菲茨罗伊可是为天气预报事业做出了开创性的贡献，但他的下场可悲可叹。因为预测常常不准，他被攻击为骗子、伪君子，浪费公共资源，天气预报也同时被污名化，被称为"英国的祸害"。在社会、媒体、政府、大众以及家庭成员等多重压力和质疑之下，这位认真的天气预言家在1865年的一个晚上，用一把剃刀结束了自己的生命。

菲茨罗伊死后，后人重新核对了他的预报，结果发现，三年里菲茨罗伊发布的预报中其实有高达75%的预报是准确的，即100次有75次得到了后来天气的印证。但人们为什么对那25次错报或者漏报如此不宽容呢？

这主要源于大众对于天气预报这项专业工作的无知。

有一本著名的书叫《宽容》，不知道你读过没有？是美国人房龙写的，他在这本书里剖析了**人类之所以不宽容，主要有三个原因：懒惰、无知和自私**。懒惰，就是对任何改革都没有兴趣，最好保持现状。无知，就是目光短浅，急功近利，只看到当下，一失败就一棍子打死。房龙说，"无知的人仅仅由于他对一项事物一无所知，就足以成为极其危险的人物"。自私，主要表现为嫉妒，房龙认为嫉妒"像麻疹一样普遍"。得这种病的人，不希望别人走在前面，就喜欢揭别人的短，别人一失败，就幸灾乐祸。

几年以后，人们建起了一座新大厦，作为智慧老人的住宅，并准备把勇敢先驱者的遗骨埋在里面。

一支肃穆的队伍回到了早已荒无人烟的山谷。但是，山脚下空空如也，先驱者的尸首荡然无存。

一只饥饿的豺狗早已把尸首拖入自己的洞穴。

人们把一块小石头放在先驱者足迹的尽头（现在那已是一条大道），石头上刻着先驱者的名字，一个首先向未知世界的黑暗和恐怖挑战的人的名字，他把人们引向了新的自由。

石上还写明，它是由前来感恩朝礼的后代所建。

这样的事情发生在过去，也发生在现在，不过将来（我们希望）这样的事不会再发生了。

——摘自《宽容》的序言

一个人要创新，就要学会正确面对这三种不宽容。这些不宽容，可

第 5 章 教育不是培养优秀的绵羊：创新的文化和环境

能来自身边你认识的人，也可能来自那些不认识的人。菲茨罗伊的死，就是这三种不宽容交织在一起造成的，尤其是无知，这种无知促使人们把成功和失败作为唯一的标准，他们认为失败就是失败，成功就是成功，创新者一失败就是一坨一无是处的狗屎，他们不了解"失败"和"成功"其实是互相交叉，是可以快速互相转化的。

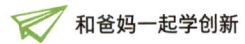 和爸妈一起学创新

一个"创"字，是要无中生有的，是走别人没走过的路，做别人未做过的事，这就注定了创新创业会遭遇失败，这就是常态。一个人要创新，首先要对自己宽容，宽容自己的失败，这其中的孤独和勇气可想而知。孤独的人，最需要的是理解，而世人能给他们的最好理解就是宽容，对创新者的宽容，应该是带有敬意的宽容。

宽容失败，应该成为全社会的一种文化。一个国家和地区要真正让创新的力量喷涌而出，就要营造、拥有这种文化。我们在这里大声呼吁这样的文化。

最后，我们把这一章中谈到的创新者特质加入我们的表格。

第 5 章　教育不是培养优秀的绵羊：创新的文化和环境

创新者的特质

个人品质	思维方法	行为习惯
● 勤奋 ● 有勇气面对舆论的压力 ● 不怕和别人不一样 ● 特立独行 ● 不怕失败 ● 关注细节，追求完美 ● 善于学习、借鉴 ● 充满好奇心 ● 敢想敢做 ● 喜欢自由提问，即使是针对常识 ● 不做"优秀的绵羊"	● 善于联想 ● 分类 ● 列表对比 ● 双向思维 ● 逆向思维 ● 归纳组合 ● 更相信数据和逻辑推理，而不是感觉 ● 及时发现异常事件 ● 创新要和商业相结合 ● 用发展的眼光看待创新 ● 注意周围令你不满的东西，因为这是创新的机会	● 用心观察 ● 随时记录，马上记录，系统记录，经常温习自己的记录 ● 喜欢拆东西、装东西、做实验 ● 善于与人合作

画重点

- ☑ 工作空间越开放、松散、随意，新创意的产生、传播和应用的速度就越快。
- ☑ 我们在创新创业的时候，可以学习以色列鼓励提问、提倡质疑的精神。
- ☑ 创新者要敢于提问，既敢于质疑常识，还敢于质疑权威。
- ☑ 你越看重"优秀"，可能考试考得更好，但离创新精神就越远，结果是考试分数越来越高，但创造力却越来越弱。
- ☑ 工作场所的平等文化，是创新和增长的强大动力。
- ☑ 失败不叫失败，叫作"正走在成功的路上"。
- ☑ 一个人要创新，就要学会正确面对不宽容。
- ☑ 一个"创"字，是要无中生有的，是走别人没走过的路，做别人未做过的事，这就注定了创新创业会遭遇失败，这就是常态。

第6章

一起脑力风暴：面向未来的创新

\1/ 大胆想象一下未来吧

你喜欢看电影吗？

你猜猜全世界每周会上演多少部新的电影？我们统计了一下，在过去 10 年，每周上演的新电影大约在 100 部。

你应该也用过微信，这是一款在智能手机上运行的程序，人们用它打电话、发视频，逢年过节的时候发发红包，它还能用来买东西、看新闻、玩游戏等。这些运行在手机上的程序有一个特殊的名字叫 App，就是 application（应用）这个单词的简写。那你再猜猜，全世界现在有多少个 App 呢？

第一款真正意义上的 App 源于苹果公司。2008 年 7 月 1 日，苹果的应用商店（App Store）上线。到今天，苹果的应用商店已经有 200 多万个 App，苹果以外的安卓手机上则有 250 多万个 App。

电影堪称人类创作中最活跃的一部分，可是与同样创新不断的 App 相比，就有点小巫见大巫了。

简单地对比一下，全世界每周上演约 100 部新电影，但同期却会上线发布1.5万个新的App。在过去的10年里，一个App很可能就意味着一家新公司的诞生。

用汹涌的大潮来形容过去10年发生的创新一点都不过分。

1946年，计算机被发明。1969年，人类又发明了第一个计算机网络：阿帕网。到1970年代，不同地区之间的网络被连接起来，于是，互联网产生了。但这时候的互联网还很局限，仅仅用于军事和科研两个领域。一直到1980年代末，互联网才真正开始向商业和个人开放。2007年，苹果公司发布了第一部智能手机，引领了轰轰烈烈的创新大潮。回顾这些历史，今天绝大部分人都会同意，这是继工业革命以来，最大的一场社会变迁和革命，我们称之为信息革命、数字革命或者智能革命。这场

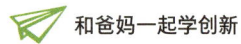 和爸妈一起学创新

创新型的革命并没有结束,亲爱的同学,现在你正处在这场革命中。

回望人类这100多年来的创新历史,飞机从出现到普及用了68年,电话的普及大约用了50年,电视的普及用了22年,电脑的普及用了14年,网络的普及用了7年,iPod的普及用了3年,脸书的普及用了2年,而移动支付在中国的大面积普及用的时间可能只有短短的一年,这种速度,实在是令人惊叹(见图6-1)。

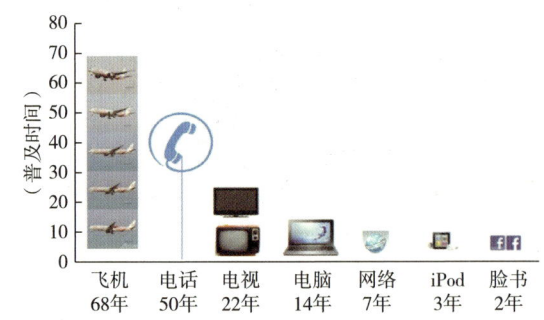

 图6-1 今天的创新,节奏可谓越来越快。

App的故事并没有完。我们今天已经见证的,可能仅仅是上半场,下半场的大幕才刚刚拉开。你可能会有疑问,App已经数不胜数,多得用不完,还需要大量增加吗?我们之所以这么说,那是因为万物联网的新时代正在到来。我们已经见证的,是手机App的疯狂增长,未来的App,可能将会在各类传感器上快速扩张。每一个物理实体上,都可能配有一个传感器,而每一个传感器之上,可能会有一个相应的App来装载、

处理、传输它源源不断采集到的新数据。

接下来的万物相联，可能会更加精彩。万物相联是通过互联网和传感器实现的。随着科技的进步，未来传感设备不仅可以做得很小、很便宜，还可以随身带着走。一系列新的应用前景产生了，如果我们给所有的机器装上这样的传感设备会怎么样？如果给动物、植物，甚至是人也装上这样的设备呢？

想象一下未来的汽车。未来的汽车是一部有四个轮子的手机，没有人驾驶，没有方向盘，你一坐上汽车，可以学习、看电影、和朋友聊天，车子加速也没有以前的轰鸣声，因为它是由电池，而不是汽油驱动。在全球范围内，汽车充电桩越来越多，它正在成为新的社会基础设施。公路也即将发生变化，因为今天的公路是为人类的驾驶员设计的，而未来的公路，是为机器人和算法设计的。

和爸妈一起学创新

无人工厂也正在大量出现。上汽通用金桥工厂车间号称中国最先进的制造业工厂,偌大的车间内,真正领工资的工人只有十多位。他们管理着386台机器人,每天与机器人合作生产80台凯迪拉克。阿里巴巴的菜鸟"无人仓",工作人员研发了自动化仓储系统,利用人工智能技术,让大量机器人在仓内协同作业,组合成易部署、易扩展的高效的全链路仓储自动化解决方案。

我们可以随时随地学习,我们可以通过声音、语言,甚至脑电波控制越来越多的设备,甚至是远程控制。我们自己的身体也会联网,越来越多的可穿戴设备可以监测我们的体温、心跳、睡眠模式、热量消耗等等指标,这些数据会上传到云端,供人工智能或者医生实时分析使用。

最后再来看看金融领域。这本书和另外一本书《和爸妈一起学创业》谈的是创新创业,可是你知道创业者最怕的问题是什么吗?不是商品没销路，而是需要钱的时候借不到钱。现在互联网领域的几个大佬都曾碰到为五斗米折腰的事。一分钱难倒英雄汉，何况是上千万上亿的资金投入。

创业者贷款难的问题在互联网时代情况有了新的变化。最近 10 年，很多国家都出现了众筹众创平台，众筹，即通过互联网向大众募集创新、创业所需要的资金，甚至可以为一个新创的公司认购、分配股权。美国的众筹网站 Kickstarter，从 2009 年 4 月上线以后，已经为 10 多万个项目成功筹集到近 10 亿美元，在网上投资的人员来自 177 个国家；英国的众筹网站 FundingCircle，曾经创造不到半小时就完成两个 8 万美元项目融资的纪录。简单地说，只要你有好的想法和真正的行动力，几乎不可能被钱束缚住手脚，互联网会快速帮你找到风险投资人。

如果有人跟你说，早在 1961 年，就有人准确预言今天的科技发展：太阳能电池、智能手机、信息技术、器官移植、转基因食品、人工智能与自动驾驶、隐形眼镜和隐藏式助听器、触摸屏手写输入、语音输入、网络在线课程……你是不是会觉得不可思议？

这些神奇的预言，就出现在 1961 年，我国著名的科普作家叶永烈写的一本名叫《小灵通漫游未来》的书里。

时隔 60 年，这些大胆的预言全部实现了！

\2/ 用大数据寻坑，种田

我们再来看看信息时代的创新有多惊人。

马路上有一个坑，该怎么去发现它？

这不是小事。这些坑轻则破坏司机的心情，影响开车的体验，重则导致人仰马翻，车毁人亡。涂老师在杭州生活的时候，看到了一则新闻，2016年5月29日，在杭州拱康路，一辆小轿车突然失控开到了人行道上，一位无辜路人被撞身亡。最后调查发现，司机急打方向盘，就是为了躲避一个突然出现的坑。

如果政府的养路部门能够及时发现这个坑，及时处理，也许就不用付出生命的代价。

问题是，在中国的绝大部分城市，寻坑，靠的还是人工巡查。其他国家的情况也差不多。

靠人来巡查一条马路问题不大，十条百条呢？如果范围再扩大一点，是一座像杭州这么大的城市呢？密密麻麻的道路，密集的人流车流，各种情况都可能发生。可以肯定，人海战术效果不佳。

第6章 一起脑力风暴：面向未来的创新

20年前，涂老师曾经在惠州大亚湾工作，常常一周要从惠阳开车去惠东两至三次。至今涂老师都清楚地记得，在从平海镇进入港口镇的地方，路不好，坑多，颠簸得多了，哪个地方有坑涂老师都记得，开车专注的时候，就能提前绕开，但如果一分心或者接了一个电话，为了避开坑也会出现急打方向盘的情况。

这是一条乡镇公路，大多数司机在赶路，涂老师也想过停下车来，打个电话给养路部门，告诉他们这里有个坑。但很快发现，拿起电话却说不清楚准确的位置，乡镇公路两边都是农田，无法准确描述这个坑的位置，养路部门仍然需要耗费相当多的时间精力去定位这个坑。

养护不力的乡镇公路是这样，养护严密一点的等级公路、高速公路情况也好不到哪里去，人口稠密的中国是这样，地广人稀的美国也是这样。以前的解决办法就是靠巡逻。

因为智能手机的普及，这个问题即将有新的解决方案。

相信你已经知道，现在很多手机都可以计算一个人一天行走的步数。怎么做到的呢？那是因为大部分手机里都有GPS和重力传感器，可以记录手机经历的每一次移动和颠簸。

新方案来了！当你在开车时，如果遇到路面坑洼，手机就会颠簸，坑越大当然颠簸的程度越强。从理论上说，这个数据可以真实地记录一个坑的存在。但这中间还有一些其他的可能性，行车过程中手机会被司机拿起来使用，放在仪表盘上或放在口袋里，怎么分辨颠簸是坑造成的呢？

和爸妈一起学创新

一个叫 Street Bump 的手机 App 成功地解决了这个问题。当手机的感测器侦测到路面颠簸所产生的撞击时，GPS 就会记录下所在位置，将信息传送到数据库中。一旦有足够多的人在相同地点都感受到颠簸，就能分辨出这里是个坑，而不是人为的手机晃动，这个地点就进入"平坑专案"了。

这个 App 已经帮助美国波士顿的市政府发现了城市里上千个大大小小的坑。

通过利用大众的手机数据寻坑，庞大的巡查队伍被替代，人少了，事情却办得更顺利了。大数据寻坑几乎是革命性的、颠覆性的。

我们再来给大家介绍一位用数据来种田的中国新农民马铁民。涂老师认识他的时候，他的生菜已经种得很好了，他的企业青岛浩丰承包了中国肯德基、必胜客一半以上的生菜供应，这意味着，你在肯德基吃汉堡，在必胜客吃沙拉，其中的生菜很可能就来自马铁民的菜田。

最近4年，马铁民将目光和精力聚焦到了西红柿上。

一颗西红柿，从播种到结出第一穗果实，大约需要90天的时间。每一天，它对温度、湿度、光照、矿物质元素、肥料、水、二氧化碳的需求都可能是不一样的。你设想一下，一颗好的种子种进土壤之后，如果每一天它都能获得最适量的各种养分和最舒服的环境条件，而且不多不少正好合适，那种子的力量就可能完全释放出来，长出最茁壮的枝条，结出最饱满的果实，同时还可以节约水和各种农业资源，这一点也很重要。

为什么？因为传统的种植方法就是露天种植，每次浇同样多的水，施同样多的肥，不管土地和种子到底渴不渴，缺不缺乏营养，大多数农民就是这么干的，可以想象，其中大量的水和肥都被浪费了。

马铁民和西红柿专家一起，以天为单位，设计了一个90天周期的营养方程式，并把90天分为六个不同的阶段。现在的目标，是把这个方程式变成一个自动的算法，打造一个"西红柿种植大脑"，让它根据外界的条件，自动调控西红柿种植的条件，例如光照、水分和肥料，让西红柿每一天都获得生长周期内最合适的营养条件。

和爸妈一起学创新

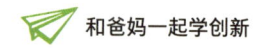

2017年10月，一个智慧农业大棚在山东德州投入运营，它有10个足球场大，比大多数的中小学校园都要大。首次种植12万株西红柿，这是国内单体占地面积最大的温室大棚。马铁民的目标是在大棚里布设云和物联网系统，各种传感器、摄像头把采集到的湿度、水分、二氧化碳等数据传入中央控制系统，与最佳生长条件下的参数进行比对。中央控制系统就像人类的大脑一样，根据获得的数据做出决策，向大棚内的二氧化碳发生装置、照明设备、加热设备、水肥输送系统、光照幕布系统、喷雾系统发出指令，将大棚内的温度、光照、水分环境调整到西红柿每天生长的最佳状态。

不仅如此，"西红柿种植大脑"还能根据市场行情，智能地控制生长速度。例如，西红柿的成熟周期正常是60天，但当市场上的西红柿供大于求或供不应求时，系统就能通过调节生产环境，适当延缓或者加快西红柿的成熟速度，在市场行情最佳时再投放。

这样的种植方法和传统种植方法的结果有什么不同呢？

如果是传统的露天种植，一株西红柿的平均高度不到2米，每平方米产量仅8~10千克，但是在智能温室内，可以在15米的高度内像叠罗汉一样立体种植，每平方米产量高达80~100千克。产量高了10倍，而且西红柿个头均匀，品相更好，口感更佳，售价也因此更高。

高多少？马铁民告诉涂老师，可能是一到两倍。简单地做个乘法就能知道，相同种植面积，他要比别人多卖10到20倍。

农业种植养育了人类，造就了数千年的人类文明。中华文明得以延

第 6 章 一起脑力风暴：面向未来的创新

续，农业得记头功，可中国的农业相当落后。涂老师的老家江西吉安是个水稻种植区，这里的农村和许多地方一样，手工种植仍然随处可见，牛耕仍然在使用，人们日出而作，日落而息，时光仿佛还停留在几千年之前。

马铁民还在为了梦想奔跑，涂老师多次调查访问他的西红柿温室。站在他宽敞明亮的智能温室里，涂老师对用大数据引领现代农业的建设充满了信心和期待。

这些都是利用数据的创新。2020年，中国政府颁发文件，明确将数据定义为新的"生产要素"，并要求思考、推动这种新型生产要素的市场化。毫不夸张地说，**基于数据的创新，将带动人类社会的各个领域实现巨大的飞跃**，这种飞跃是前人难以想象的。今天的年轻人面临的创新机会要远远多于前几代人，因为他们拥有人类有史以来最伟大的创新资源：**数据**。

和其他的创新资源相比，数据有很大的不同，它不会被它所激发的思想和创新消耗，它可以被重复使用，同时被无数人使用，此数据和彼数据整合，还可以产生新的价值和效用。在空间的拓展中，在时间的延伸中，数据的能量将在人类社会层层放大，数据的不断积累也是资源和知识的持续增加。

\ 3 / 乐高是怎么再次成为玩具之王的？

要理解开放式创新，只要知道什么是封闭式创新就行了。过去很多企业，它们的创意以及创意的执行，都来自组织内部，为了创新，它们只能拼命挖掘内部人才的潜力，说白了，封闭式创新就是关起门来搞创新。

有一个非常有名的公司，近年来通过开放式创新获得了巨大成功，名字我们一说你就知道：乐高。今天的乐高是全世界的玩具之王，但在1990年代末和2000年代初，它的业绩曾经剧烈下滑，原因是什么？你可能也能猜到，那就是电脑游戏的盛行。

电脑游戏抢夺了大批积木游戏的消费者。小小的积木与任天堂的游戏产品相比，就像是从远古时代挖掘出来的文物。

乐高怎么办？积木还有没有未来？管理层迷茫了好久，一筹莫展。这个时候发生了一件离奇的事。乐高办了一场比赛，邀请消费者来设计玩具，比赛的作品通过乐高公司的平台提交。之前，乐高已经选出了最好的设计，但突然有人非法入侵平台，未经许可就修改了其中的设计。

一开始乐高的管理层认为,这是违反规定的行为,必须加以惩罚。但当那件经过修改以后变得更出色的作品呈现在他们面前时,他们改变了主意。

"与其自己绞尽脑汁搞创新,不如打开大门请人家来设计",这个想法让管理层眼前一亮。于是,他们在这个比赛的基础上,打造了一个真正的开放创新平台,鼓励世界各国的消费者在他们的平台上发布自己的创意。这些新的创意将在平台上接受所有人的投票,当点赞的人数超过1万时,乐高的管理层就会评估是否采纳这个创意,把真正的产品生产出来!一旦消费者的创意被采纳变成产品,乐高就对他们进行奖励。

第 6 章　一起脑力风暴：面向未来的创新

每一年，这个平台可以为乐高公司带来成千上万条新的创意，好的想法源源不断，这种做法也为他们创造了一个全新的市场，新产品一出来，那些点赞支持的人就是第一批顾客。如果仅仅凭借乐高内部的人才，这一切都不可能实现。这无异于调动全社会的智力资源为自己所用，关起门来研发和打开门来创新，两者相比，哪一种方式更有力量和效率，几乎是一目了然。2010 年起，乐高重新回到了 1990 年代初的销售高峰，再次成为全世界的玩具之王。

 图 6-2　乐高的这款《生活大爆炸》就完全来自消费者的设计和投票。

涂老师在阿里巴巴工作的时候，也亲身经历、领导过一次开放式创新。

2013 年起，阿里巴巴每年都举办一次数据大赛，大赛的名称叫天

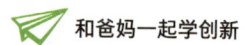

池。说起阿里巴巴举办天池的初衷，原本是要推广阿里云的操作系统，即通过这个大赛，邀请很多年轻人来使用、熟悉阿里云的平台，说白了，就是为阿里云吸引、积累更多的年轻用户。

但第一届大赛就意外惊喜不断。当时阿里巴巴出的比赛题目，是基于真实的业务场景设计的，其中一道题目是这样的：阿里巴巴拿出100万人过去3个月在淘宝上的真实消费记录，在经过匿名处理之后，要求参赛者通过自己设计的算法预测，接下来3天这些消费者会购买什么。这样的预测很有价值，一是阿里巴巴可以根据预测的结果向消费者推送广告，这叫精准营销；二是可以根据预测的结果备货或者优化库存，这两件事都是电子商务的核心。

比赛的结果也非常好衡量，3天一过，就看谁的算法预测对的比例高。

大赛的奖金是100万元，世界各地近万人参加了这次大赛，结果一出，我们领导层惊呆了，一个6人小组夺得了第一名，全部成员都还在大学就读，虽然他们都还没毕业，但他们设计的算法，准确率居然比阿里内部工程师开发的算法还要高。

我们开会碰了个头，立刻调整了整个比赛的"初心"和"目标"。一是给比赛的优胜者发出加入阿里巴巴集团的邀请，或者来实习，或者直接发放录用通知书；二是吸纳他们算法当中的精华部分，部署到真实的生产线上去；三是决定从第二年起，把公司难以解决的真实问题拿出来作为赛题，而且尽量使用真实的数据，比赛的结果立刻可以被公司参考使用。

更令人惊讶的是，有一些获奖者根本不是计算机专业的学生，有学建筑的，有学机械的，还有学心理学的，却都是计算机高手。过去一些行业内的老师傅，常常会说一句话，叫"高手在民间"，就是这个意思。今天的高手不仅在民间，而且常常在专业之外，之所以频频出现这种新的局面，是因为我们的教育形态也在发生改变。这也引出了我们要说的下一个话题。

\4/ 在线教育，拆掉学校的四面墙

亲爱的同学，你们熟悉的教育领域也同样面临巨大的变革和创新。在线智能学习平台讲课（MOOC）的技术已经成熟，最近10年，世界一流的大学，如哈佛大学、斯坦福大学、麻省理工学院都向全世界开放了他们的在线课程。可以肯定的是，未来的学校，不会局限在钢筋水泥的教室里，而是会在云端。一位老师上课，可以数十万人同时听讲，云端还可以发送为个人量身定制的学习软件，加上学习者在新媒体社区的实时交流、协作和互助，传统学校的局限性将被突破，知识的传播将更快、更深、更广，未来几乎所有的人，只要他自己愿意，他就有机会聆听世界上最优秀的老师讲授的课程。

在传统的学校，我们是定时定点接受教育，但在网络学校，人人都可以各取所需，随时随地按照自己的节奏和计划来开展学习。例如，高中生可以尝试体验大学的课程，离开了校园的人，也可以登录在线空间，和在校生一起听课；未来的大学很可能不会再要求4年毕业，你只要在指定的时间内，例如说3年，或者5年内完成课程，就可以获得学位。

通过在线教育平台，学习可以成为个性化、完全自主的过程，终身教育会成为普遍的现实。

未来的大学还会取消年龄的限制，17 岁以下的少年、进入职场的中年大叔以及退休后的老人都可以进入大学学习。等到你进入大学，你的同学很可能处于各个年龄段以及从事不同工作，他们可能是高中生，也可能是富有经验的长辈。那会是一个独特的、各种学生混合的校园，学生之间更容易建立起合作、强劲与持久的创新网络和团队。

未来的时代，将是一个终身学习、有机会接受终身教育的时代，但前提是你要有兴趣。我们前面谈到，最好的程序员往往不在计算机系产生，世界上总有一些人，他们做一些事情，不是为了考试，不是为了赚取工资、谋生，而是因为天然的兴趣。即使没有人监督，他们也会非常投入。因为天赋，但更重要的是因为长期投入热情和时间，他们最终会掌握一些可以解决特定问题的诀窍，能够用更快的速度、更低的成本和更小的风险解决一些问题。这就是创新。

所以对学习和创新而言，最重要的事莫过于找到自己的兴趣。

\5/ 你也可以成为创新者

创新者的特质

个人品质	思维方法	行为习惯
● 勤奋 ● 有勇气面对舆论的压力 ● 不怕和别人不一样 ● 特立独行 ● 不怕失败 ● 关注细节，追求完美 ● 善于学习、借鉴 ● 充满好奇心 ● 敢想敢做 ● 喜欢自由提问，即使是针对常识 ● 不做"优秀的绵羊"	● 善于联想 ● 分类 ● 列表对比 ● 双向思维 ● 逆向思维 ● 归纳组合 ● 更相信数据和逻辑推理，而不是感觉 ● 及时发现异常事件 ● 创新要和商业相结合 ● 用发展的眼光看待创新 ● 注意周围令你不满的东西，因为这是创新的机会 ● 善用数据 ● 开放式创新，向外部寻找资源	● 用心观察 ● 随时记录，马上记录，系统记录，经常温习自己的记录 ● 喜欢拆东西、装东西、做实验 ● 善于与人合作 ● 终身学习

第6章 一起脑力风暴：面向未来的创新

我们把这一章中提到的创新者的特质加进我们的表格，最后我们得到前面这样的表格。

这是一张创新者特质的集成表。这些特质，你都可以通过学习和训练获得。

在结束这本书之前，涂老师和郦老师做了一个小小的游戏。在没有互相通气的情况下，我们各自从这张表的三个类别里挑了一个我们认为的最重要的特质，然后互相揭晓答案。

结果，涂老师挑的是：不做"优秀的绵羊"；更相信数据和逻辑推理，而不是感觉；喜欢拆东西，装东西，做实验。

郦老师挑的是：充满好奇心；逆向思维；终身学习。

这该听谁的呀？

听你自己的。

尺有所短，寸有所长。对照这张表，哪项相对重要，哪项相对不重要，你必然有自己的想法。相信你自己的想法，巩固自己已有的长处，补上你的不足之处，加强学习和训练，你就会有所进步。

和爸妈一起学创新

画重点

- ☑ 万物联网的新时代正在到来，未来会更加精彩。
- ☑ 基于数据的创新，将带动人类社会的各个领域实现巨大的飞跃。
- ☑ 与其自己绞尽脑汁搞创新，不如打开大门请人家来设计。
- ☑ 对于学习和创新而言，最重要的事莫过于找到自己的兴趣。
- ☑ 创新者的特质，你都可以通过学习和训练获得。

2005年6月14号，乔布斯在斯坦福大学毕业典礼上讲了如下一段话，我们把它作为全书的结尾送给你：

你的时间很有限，所以不要浪费在过别人的生活上。不要被教条束缚——那只是根据别人的思考结果在生活。不要让他人的喧嚣纷扰，淹没了你自己内心的声音。最重要的是，要有勇气去听从你的心灵和直觉的呼唤。它们其实已经明白你真正想成为什么样的人。其他的都是次要的。

为了不失原味，我们附上英文原文：

Your time is limited, so don't waste it living someone else's life. Don't be trapped by dogma—which is living with the results of other people's thinking. Don't let the noise of others' opinions drown out your own inner voice. And most important, have the courage to follow your heart and intuition. They somehow already know what you truly want to become. Everything else is secondary.

全世界有78亿人。在这78亿人中，我们无法找到两张相同的脸，更不用说性格、特点和习惯。换句话说，我们每个人都是独一无二的。成为独一无二的你，这本身就是创新。
祝你成为你想成为的人！